新型农民现代农业技术与技能培训丛书

油菜农艺工培训教材

编著者
胡立勇　周广生　原保忠

金盾出版社

内 容 提 要

本书是“新型农民现代农业技术与技能培训丛书”的一个分册，由华中农业大学的专家编著。内容包括：油菜农艺工的岗位职责与素质要求、须具备的基础理论与知识，油菜栽培技术、轻简高效栽培技术、病虫草害防治技术、收获与种子贮藏、主要试验技术、栽培管理劳动定额与技术考核指标。内容充实，技术先进。本书可作为县(市)举办油菜农艺工培训的教材，亦可供广大油菜种植人员和基层农业技术工作者学习使用，也可供农业院校相关专业师生阅读参考。

图书在版编目(CIP)数据

油菜农艺工培训教材/胡立勇，周广生，原保忠编著．—北京：金盾出版社，2008.6
(新型农民现代农业技术与技能培训丛书)
ISBN 978-7-5082-5110-3

Ⅰ.油… Ⅱ.①胡…②周…③原… Ⅲ.油菜-蔬菜栽培-技术培训-教材 Ⅳ.S634.3

中国版本图书馆 CIP 数据核字(2008)第 070800 号

金盾出版社出版、总发行
北京太平路 5 号(地铁万寿路站往南)
邮政编码：100036 电话：68214039 83219215
传真：68276683 网址：www.jdcbs.cn
封面印刷：北京 2207 工厂
正文印刷：京南印刷厂
装订：桃园装订厂
各地新华书店经销
开本：850×1168 1/32 印张：4.75 字数：113 千字
2008 年 6 月第 1 版第 1 次印刷
印数：1—10000 册 定价：9.00 元

序　言

中共中央、国务院[2007]1号文件明确指出，加强“三农”工作，积极发展现代农业，扎实推进社会主义新农村建设，是全面落实科学发展观、构建社会主义和谐社会的必然要求，是加快社会主义现代化建设的重大任务。

我国农业人口众多，发展现代农业、建设社会主义新农村，是一项伟大而艰巨的综合工程，不仅需要深化农村综合改革、加快建立投入保障机制、加强农业基础建设、加大科技支撑力度、健全现代农业产业体系和农村市场体系，而且必须注重培养新型农民，造就建设现代农业的人才队伍。

胡锦涛总书记在党的十七大报告中进一步指出，要培育有文化、懂技术、会经营的新型农民，发挥亿万农民建设新农村的主体作用。

新型农民是一支数以亿计的现代农业劳动大军，这支队伍的建立和壮大，只靠学校培养是远远不够的，主要应通过对广大青壮年农民进行现代农业技术与技能的培训来实现。金盾出版社在对农业岗位培训进行广泛调研的基础上，与中国农业大学老科技工作者协会、华中农业大学老教授协会等单位共同策划，约请数百名农业专家、学者参加，组织编写了“新型农民现代农业技术与技能培训丛书”(以下简称“丛书”)。“丛书”坚持从现阶段我国青壮年农民的文化技术水平出发，突出现代农业技术与技能的传授，注重其先进性和实用性；“丛书”以教材形式编写，共有88个分册，涉及81个农业岗位，除水稻农艺工、蔬菜园艺工、蔬菜植保员、果树植保员分南方本和北方本外，其他均为一个岗位一本培训教材，以方便县(市)、乡(镇)、村组织新型农民培训和农业企业进行岗位培训时选用。“丛书”的组编和出版，还得到了河北农业大学、沈阳农业大学、西北农林科技大学、甘肃农业大学、北京农学院、山东畜牧兽医职业技术学院、大连民族学院、中国农业科学院茶叶研究所、中国农业科学院油料研究所、中国农业科学院郑州果树研究所、中国农业科学院特产研究所、中国农业科学院桑蚕研究所、中国养蜂学会、内蒙古自治区农牧科学院、甘肃省蔬菜研究所、山东省果树研究所、广西壮族自治区柑桔研究所、山西省畜牧兽医研究所等单位部分专家、教授的支持和参与，并列入劳动和社会保障部《全国职业培训与技能鉴定用书目录》，进行推荐，使我们深感欣慰，在此表示衷心感谢。我们希望和相信，通过“丛书”的出版发行，能为新型农民队伍的发展壮大贡献一份力量，也能为现代农业技术与技能培训积累一些可供借鉴的经验。

“丛书”编写时间有限，各分册存在不足或错漏在所难免，恳请同仁和各使用单位批评指正。

编 委 会

2008 年 1 月

目　录

第一章　油菜农艺工的岗位职责与素质要求

一、油菜农艺工的概念

农艺工是农业职业中的一种。油菜农艺工则是农艺工职业中的一种岗位。

(一)职业的概念

职业是具有一定特征的社会工作类别,它是一种或一组特定工作的统称。不同职业之下又包括有不同工种,不同工种之下又设有不同岗位。

我国以往在工人中经常使用“工种”、“岗位”等概念,实质上就是将工业行业的职业按不同需要或要求进行的具体划分。一般一个职业包括一个或几个工种,一个工种又包括一个或几个岗位。随着社会的发展,工种与岗位的定义已扩展到不同行业。

具体定义为:工种是根据劳动管理的需要,按照生产劳动的性质、工艺技术的特征、或者服务活动的特点而划分的工作种类。

岗位是根据生产的实际需要而设置的工作位置。根据劳动岗位的特点对上岗人员提出的综合要求形成岗位规范,它构成不同职业劳动管理的基础。

(二)农业职业及分类

我国 1998 年颁布的《中华人民共和国职业分类大典》将职业归为 8 个大类,66 个中类,413 个小类,1 838 个细类(职业)。8 个大类分别是: ①国家机关、党群组织、企业、事业单位负责人; ②

专业技术人员；③办事人员和有关人员；④商业、服务业人员；⑤农、林、牧、渔、水利业生产人员；⑥生产、运输设备操作人员及有关人员；⑦军人；⑧不便分类的其他从业人员。

其中第五大类(GBM5)职业农、林、牧、渔、水利业生产人员，即通常所说的农业职业，是指从事农业、林业、畜牧业、渔业及水利业生产、管理、产品初加工的人员。其中包括6个中类，30个小类，121个细类。本大类包括的中类如下。

5-01(GBM 5-1)　种植业生产人员

5-02(GBM 5-2)　林业生产及野生动物植物保护人员

5-03(GBM 5-3)　畜牧业生产人员

5-04(GBM 5-4)　渔业生产人员

5-05(GBM 5-5)　水利设施管理养护人员

5-09(GBM 5-9)　其他农、林、牧、渔、水利业生产人员

编号为5-01(GBM 5-1)的种植业生产人员是指从事大田作物、园艺作物、热带作物、中药材等种植、管理、收获、贮运和农副产品初加工的人员。包括下列7个小类。

5-01-01(GBM 5-11)　大田作物生产人员

5-01-02(GBM 5-12)　农业实验人员

5-01-03(GBM 5-13)　园艺作物生产人员

5-01-04(GBM 5-14)　热带作物生产人员

5-01-05(GBM 5-15)　中药材生产人员

5-01-06(GBM 5-16)　农副林特产品加工人员

5-01-09(GBM 5-19)　其他种植业生产人员

编号为5-01-01(GBM 5-11)的大田作物生产人员是指从事粮、棉、油、糖、烟、麻等大田作物的土地耕作、种植、田间管理、收获、贮藏和产品初加工的人员。共包括农艺工、啤酒花生产工、作物种子繁育工、农作物植保工、其他大田作物生产人员等在内的121种细类。农艺工在我国职业分类大典中编号为5-01-01-01。

(三)农艺工的概念与职责

农艺工在我国职业分类大典中的定义为:从事农田耕整、土壤改良、作物栽培、田间管理、收获贮藏等农业生产活动的人员。农艺工是在农艺师的指导下完成工作的。农艺师注重指导与制定计划,农艺工则要突出操作技能。

农艺工职业包括下列工种:粮食作物栽培工、棉花栽培工、油料作物栽培工、糖料作物栽培工、麻和烟类作物栽培工。

农艺工从事的工作主要包括:①进行农田的土地耕整、土壤改良;②选种、制种、育苗、播种、栽插等;③进行施肥、灌溉与排水、中耕除草等田间管理;④对农作物的长势长相、营养、群体、生理保障等进行诊断以及产量预测;⑤对旱、涝、干热风、低温冷害等开展抗灾活动和生产自救;⑥提纯复壮、杂交制种,贮藏、保管种子;⑦收获农作物;⑧对收获的农作物及其产品进行脱粒、晾晒等初加工和贮藏;⑨维护和保养农具。

(四)油菜农艺工的概念与职责

油菜农艺工应属于油料作物栽培工种的一种职业岗位。即农业职业—农、林、牧、渔、水利业生产人员—种植业生产人员—大田作物生产人员—油料作物栽培工—油菜农艺工。

油菜农艺工的职责,就是要在油菜生产过程中,按照相关技术要求完成上述农艺工从事的9个方面的工作。要在合理作物布局、合理轮作换茬的前提下,应用已有的科学技术成果,应用已获高产的技术经验,通过选用优质高产又能适应本地区气候土壤条件的油菜良种,实行精细整地播种,加强田间管理,采用适当的调控措施,促进油菜生长发育和高产的形成,从而大幅度提高单位面积产量,提高油菜的经济效益。

(五)农艺工职业技能鉴定及其作用

根据我国《劳动法》和《职业教育法》的有关规定,对从事技术复杂、通用性广、涉及到国家财产及人民生命安全和消费者利益的职业(工种)的劳动者,必须经过培训并取得职业资格证书后,方可就业上岗。

农业职业资格证书是通过政府认定的考核鉴定机构,按照国家规定的职业技能标准或任职资格条件,对劳动者的技能水平或职业资格进行客观公正、科学规范的评价和鉴定的结果,是劳动者具备某种职业所需要的专门知识和技能的证明。

目前,劳动和社会保障部依据《中华人民共和国职业分类大典》确定了实行就业准入的 66 个职业目录。根据农业部公布,至 2007 年农业职业实行职业准入的已达 14 种:动物疫病防治员、动物检疫检验员、沼气生产工、农作物种子繁育工、农作物植保工、橡胶制胶工、乳品检验工、水生动物饲养工、渔业生产船员、农机修理工、饲料检验化验员、饲料厂中心控制室操作工、饲料加工设备维修工、太阳能利用工。

2007 年 8 月 29 日,劳动和社会保障部、农业部共同制定了《农艺工国家职业标准》(北方地区适用),分初、中、高、技师、高级技师 5 个等级。其定位主要根据农艺工职业的活动内容,对从业人员工作能力水平的规范性要求进行编写。该标准是从业人员从事职业活动、接受职业教育培训和职业技能鉴定、以及用人单位使用人员的基本依据。

随着农业专业化分工的发展,涉农工种"准入制"的范围将日益扩大。为提高农业行业从业人员的素质,我国不同地区已先后开始推行就业准入制度,实行持证上岗就业,这就要求新进入农业行业从事规定工种(职业)的从业人员,必须经过职业培训和职业技能鉴定,取得职业资格证书后方可上岗。但我国目前 90%以上的农业从业人员没有接受过职业培训,有资格证书的不到5%。

农民如果取得职业资格证书,可具有以下优势和经济利益:①熟练掌握1~2种特种生产技能,有利于在优胜劣汰的竞争中发展,在就业准入行业可获上岗资格。②由于地区发展的不平衡性,取得职业资格证书就可以进入优质农业劳动力市场,作为专业人才向需求该专业人才的地区或农业企业流动,从而取得较高的劳动报酬。③取得职业资格证书的生产经营者,在推广新品种、新技术中会大大增加客户的信任度。④在国营、集体单位工作的农业技工、技师、高级技师可享受相当工业技工、技师、高级技师的同等待遇。

二、油菜农艺工岗位的重要性和必要性

油菜农艺工的岗位是非常必要的,也是非常重要的。因为发展油菜生产不仅可为社会、为全国人民提供营养丰富的食用油,为养殖业提供优质蛋白质饲料,同时还有利于培肥土壤,促进农业、养殖业持续发展,增加生产者单位或家庭的经济收入。油菜在现代工业、食品、医药保健、生物能源以及生态景观等方面都具有重要意义。

(一)油菜在人民生活及国民经济中占有重要地位

油菜是我国最主要的油料作物。我国有发展油菜产业的良好基础与优越条件。近年来,随着双低(菜籽油中低芥酸、菜籽饼中低硫代葡萄糖苷"简称低硫苷")油菜新品种的选育与推广,以及我国种植业生产结构的不断调整,油菜生产的发展十分快速。油菜产业的发展,有利于形成种植业、养殖业、农产品加工业等相关产业共同发展的良好新局面,对各地农村经济的发展、农民增收具有重要意义。

1. 重要的保健食用油 油菜种子含油量丰富,油分占种子干重的35%~45%。菜籽油与大豆油、棕榈油合称为全球三大植物油。菜籽油营养丰富,自古以来为我国人民长期食用。普通菜籽油在进行脱色、脱臭、脱脂或氢化等精炼加工程序之后,可用于制造色拉油、人造奶油、起酥油等食用产品,但是普通菜籽油芥酸的含量较高(大于45%),人体吸收后不易消化,从而限制了菜籽油的食用价值。目前大面积推广的低芥酸油菜品种生产的菜籽油色泽清淡、不浑浊、味香,其脂肪酸组成有利于人体健康,可直接用于加工保健菜籽油。

2. 多种用途的工业用油 菜籽油不仅是良好的食用油,在现代工业上的用途也日益广泛。其工业用途包括:①用于橡胶工业的添加剂,增进橡胶的稳定性,防止老化和变形。②用于金属表面的润滑剂和防蚀剂。高芥酸(大于55%)品种的油菜籽可以用来生产高级润滑剂和脱模剂。③用于鞣制皮革,提高皮革的韧性和柔软性。④制作清漆和喷漆以及毛纺工业上的漂、洗、染等化学剂的原料。⑤制作香料、肥皂、尼龙丝、油墨等产品。

3. 优质的饲料与植物蛋白 菜籽榨油后得到约60%的饼粕,菜籽饼中含35%~39%的蛋白质,其余为碳水化合物(30%~40%)、粗脂肪(2%~7%)、粗纤维(10%~14%)、维生素及多种矿物质,其成分与大豆饼粕相近。菜籽饼粗蛋白质中有72%的氨基酸,所含8种氨基酸的组成与世界卫生组织推荐的模式非常接近,可广泛用于人类蛋白质食品的加工,每667平方米(1亩,下同)所生产的油菜可生产约26千克的植物蛋白。目前,我国每年有600万~700万吨的油菜籽饼粕尚待综合利用。

菜籽饼营养丰富,是一种良好的饲料。但是普通菜籽饼中含有较多的硫代葡萄糖苷(简称硫苷),动物食用后会产生各种中毒症状,需经过加热处理破坏毒性后才能作为精饲料使用。低硫苷油菜品种的发展使菜籽饼的饲用价值大大提高。

4. 食品加工与医药保健的原料　采用脱皮加工技术，可从菜籽皮中纯化提取天然的抗腐、抗氧化剂植物多酚和植酸，可替代市场上对人体健康有一定副作用的食品添加剂。此外，菜籽榨油产生的脱臭馏出物，可提取天然的维生素E和植物甾醇。天然维生素E的生物活性是合成维生素E的3倍，对人体无任何副作用，因而它越来越多地被用来替代合成维生素E。植物甾醇具有降低胆固醇、降低血脂的功效，广泛应用于食品、保健品、医药等行业。美国药品监督部门已批准添加植物甾醇的食品使用“有益健康”的标签。

5. 发展可再生生物柴油的理想原料　以低芥酸菜籽油为原料生产的生物柴油是矿物柴油的理想替代品，已引起欧洲各国的广泛关注。2004年，欧盟以低芥酸菜籽油为原料生产生物柴油约160万吨，占欧盟同期柴油生产总量的80%，有效缓解了石油短缺的局面。低芥酸油菜籽作为生物柴油原料有两大主要优势：一是菜籽油的脂肪酸碳链组成与柴油分子的碳链数相近，制成的生物柴油可以与矿物柴油任意混兑，现有的柴油机和柴油配送系统基本上可以不作调整；二是含氧量高而硫的含量为零，不会产生二氧化硫和硫化物的排放，一氧化碳的排放量显著减少，可降解性也明显高于矿物柴油，具有优良的环保特性。

（二）油菜在生态及农业生产上具有重要意义

1. 在发展生态旅游业中具有重要地位　隆冬季节百草枯黄时，油菜地一片碧绿；春季到来后万物复苏，油菜花开放田野一片金黄，迷人景色可持续1个月左右。近年来，云南省罗平、江西省婺源等地已将油菜作为旅游区景观作物大力发展，每年吸引大量旅游和摄影爱好者。

2. 有利于促进养蜂业的发展　油菜的花期长，花器官的数目多，每朵花有多个蜜腺。它与芝麻、荞麦一起被称为我国三大蜜源作物,因此种植油菜可以促进养蜂业的发展。

3. 有利于作物合理布局 油菜可在不同的气候带实行春播和秋播,又能与稻、棉、玉米、高粱等多种作物轮作复种,是提高复种指数、促进全年增产增收的优良作物。在油菜、花生、大豆、葵花及芝麻等油料作物中,油菜是惟一的冬季油料作物,不与其他油料作物争地,较易安排茬口。

4. 有利于改良土壤 油菜还是一种用地养地相结合的前茬作物,其根系能分泌有机酸溶解土壤中难以溶解的磷素,提高土壤中磷肥的有效性;大量的落叶、落花以及收获后的残根和秸秆还田,能显著提高土壤肥力,改善土壤结构。菜籽饼是一种优质肥料,平均含氮5.5%、磷2.5%、钾1.4%。此外,油菜的根、茎、叶、花、果壳都含有较高的氮、磷、钾元素。据试验,667平方米产量100~150千克的菜籽从土壤中吸收的氮素,相当于榨油后的菜籽饼连同根、茎、叶等全部还田所含的氮素,基本上可以平衡土壤氮的消耗量。

(三)加快发展油菜生产任务紧迫

1. 世界油菜生产概况 油菜栽培历史十分悠久。中国和印度是世界上栽培油菜最古老的国家。从我国陕西省西安半坡社会文化遗址中就发现有油菜籽或白菜籽,距今有6000~7000年。印度公元前2000年至公元前1500年的梵文著作中已有关于"沙逊"油菜的记载。油菜的起源地一般认为有两个:亚洲是芸薹和白菜型油菜的起源中心;欧洲地中海地区是甘蓝型油菜起源地的起源中心。芥菜型油菜是多源发生的,我国是其原产地之一。

现在油菜在地球南纬40°到北纬60°都有种植。自20世纪80年代以来,世界油菜籽生产发展迅速。2005年与1990年相比,世界油菜产量增加了2090万吨(增产率为85.6%);种植面积增加了9440千公顷(增长了53.6%),每公顷单产提高了289千克。

从油菜生产的地区来看，主要分布在欧盟、中国和加拿大，1995年以来三者产量占全球油菜总产量的70%～80%。2005年中国、印度、加拿大3国产量合计达到2595万吨，占世界总产量的57%。从总产量来看，2005年排在前10位的是中国、加拿大、印度、德国、法国、英国、波兰、澳大利亚、美国、巴基斯坦。其中单产最高是法国，达到每667平方米243千克。

2004年世界油菜籽贸易量与1990年相比，进口量增加了3.88万吨(增长了83.6%)，出口量增加了3.9万吨(增长了84.3%)。世界前10大出口国中加拿大、法国、澳大利亚出口量合计达到641万吨，占世界出口量851万吨的75.3%；中国、德国、日本、墨西哥4国进口量合计达到753万吨，占世界进口量851万吨的88.5%。

中国油菜分布广泛，产区集中。随着生产的不断发展，油菜已成为我国水稻、小麦、玉米、大豆之后的第五大作物，栽培面积和总产居世界之首，均占世界1/3。近年来我国油菜种植面积大约为7333333公顷，油菜总产量达到1300多万吨，平均单产为每667平方米110千克左右。其中长江流域一直是我国油菜主产区，也是世界上油菜分布最为集中、规模最大、开发潜力最大的油菜集中产区。近20年来，黄河流域的青海、陕西、甘肃、内蒙古等省、自治区发展很快，已成为年产10万吨以上的生产大省。东北的黑龙江、南方的广西、高海拔的西藏等地油菜生产发展也很快。

2005年我国油菜种植面积排在前5位的是湖北、安徽、四川、湖南和江苏，分别为1178667公顷、953333公顷、816333公顷、752000公顷、660000公顷。总产量排在前5位的是湖北、安徽、四川、江苏、湖南，分别为219万吨、182万吨、169万吨、158万吨、108万吨。湖北省油菜面积与总产量连续10年居全国第一位，油菜产量约占全国的1/5，占世界的1/18。山东、江苏的油菜种植水平较高，每667平方米单产达到160千克。

2. 我国油料需求及发展油菜的紧迫性　近半个世纪以来，世界油料及制品生产一直保持着较高的发展速度。1995年油料作物面积、单产和总产比1950年分别增加了1.9倍、1.2倍、5.4倍。

1985年以前,我国一直是植物油和油料的出口国家。1986年以后我国开始成为植物油净进口国。而且由于国内市场对植物油的需求猛增,油料生产满足不了消费需求的快速增长,植物油的供需缺口日益扩大,国家每年进口的植物油数量越来越多。我国已成为植物油和油料的进口大国,每年需进口相当数量的大豆、菜籽、大豆油、棕榈油和菜籽油。

在我国主要油料作物花生、油菜、向日葵、芝麻、胡麻中(大豆统计在粮食内),油菜种植面积最大(约占油料总面积的一半)。我国油菜籽榨油产量约470万吨,占我国自产植物油产量的44%左右。菜籽油是我国消费的主要植物油。根据国家粮油信息中心提供的资料显示,2003年我国食用油的消费量为1 700万吨,国内生产850万吨。其中菜籽油350万吨,占41.2%;花生油240万吨,占28.2%;大豆油110万吨,占12.9%;棉籽油150万吨,占17.6%;葵花籽、茶籽等其他油料作物油15.2万吨,占1.8%。

食用植物油是城乡居民重要的生活必需品。抓好油菜生产,对于稳定食用植物油市场、满足消费需求、增加农民收入、促进经济发展具有重大意义。

3. 我国油菜生产面临的问题

首先,我国现有的油菜生产体系工序较复杂,机械化程度低,使我国油菜生产的综合成本较高。2006~2007年,由于油菜生产效益偏低,农民种植积极性下降,全国油菜种植面积持续下滑,产量徘徊不前,国内食用植物油的产需缺口不断扩大。

其次,尽管我国已成功选育出一批品质达到国际先进水平的双低油菜品种,但分散种植及配套栽培技术的不到位,造成了双低品种与双高品种混种混收,商品品质很难得到保证,产品质量与加拿大、澳大利亚及欧洲各油菜主产国相比还有较大的差距。目前市场上还没有批量的低芥酸菜籽油销售，优质菜籽饼粕的开发及其精深加工已成为制约我国油菜产业整体效益提高的瓶颈。

因此如何采用科学有效的种植技术，提高单产与经济效益是油菜生产亟待解决的问题。与此同时，尽快改变农民一家一户的种植方式，实行同一优质品种的连片区域化种植和产业化经营，在提高科技水平的基础上简化种植管理程序，发展机械化栽培，是提高我国油菜产品质量和国际市场竞争力的惟一出路。

4. 我国发展油菜生产的潜力　我国的油菜生产有进一步发展的良好潜力。第一是双低菜籽油的品质好，是最有利于健康的食用油，消费量增加，低硫苷饼可作饲料，市场需求量大。第二是油菜为多用途的作物，在油料、饲料、能源、肥料、蜜源、观景等方面有很好的开发前景。第三是油菜为用地养地相结合的作物，在轮作中有重要的地位。长江流域是冬季种油菜，与粮食争地的矛盾较少。目前我国的油菜种植面积约有 6 666 666 公顷，估计还有 6 666 666 公顷的冬闲田可发展油菜生产。第四是油菜的单产与效益潜力很大。我国山东、江苏种植的油菜每 667 平方米产量已经达到了 160 千克，高产试验田每 667 平方米产量水平可达到 200 千克以上。目前各地开展的轻简化，机械化栽培试验示范均表明，油菜栽培的工序可以简化，成本可以降低。油菜的菜用、饲用等多种用途开发，以及套栽马铃薯等种植模式都有可能大幅度提高经济效益。

油菜生产与加工对油菜新品种、新技术、新工艺及其产品综合利用等工程技术的需求非常迫切。这一需求是国民经济发展的需要，也是我国油菜生产走向科学化、规范化、规模化、产业化和市场化的客观需要。油菜生产的发展，对保障国内食用油供给、增加农民收入、促进区域经济发展具有重要意义。为鼓励长江流域利用冬闲田扩大油菜种植面积，提高产品品质和产量，从 2007 年开始，我国中央财政对长江流域双低油菜优势区种植油菜的农民给予每

667平方米10元的补贴，补贴区域包括四川、贵州、重庆、云南、湖北、湖南、江西、安徽、河南、江苏、浙江等省、直辖市。

油菜农艺工要充分认识自己从事油菜生产的光荣使命和神圣职责。应关注人民的生活，了解加快我国油菜生产发展的紧迫性，把自己从事的事业同弘扬华夏文明联系在一起，时时鼓励自己钻研油菜生产技术。

三、油菜农艺工需要掌握的技术

一是了解油菜的生育过程和生态条件。了解油菜种子发芽出苗期、苗期、蕾薹期、花期、角果成熟期的生长发育过程，各生育阶段对环境条件——土壤、水分、养分、温度、光照的要求。

二是了解油菜品种的特性，如生长发育特性，需水需肥特性，感染病虫害情况及抗病、抗虫特性。依油菜品种特性和生态环境制定相宜的栽培、管理技术措施。

三是及时观察记载田间油菜生长情况，根据田间油菜长势或出现的新情况，采取阶段性的田间管理措施。

四是观察油菜田间生长情况，记载各项技术措施，总结每季油菜的丰产经验及存在的问题，作为下季种植的技术措施调节依据。

五是注意学习同类型区域内他人的油菜种植经验，特别是高产农户、高产田块的经验。遇到不清楚的问题，向当地的技术人员请教。

思考题

1. 油菜农艺工的定义与职责是什么？
2. 油菜的用途有哪些？
3. 油菜与畜牧业及农业的可持续发展是什么关系？
4. 如何评价中国油菜生产发展的历史和现状？

5. 我国油菜生产发展的潜力和有利条件有哪些?

6. 油菜农艺工作者的光荣使命是什么?

7. 油菜农艺工作者应当具备什么样的素质? 如何搞好油菜生产?

第二章 油菜农艺工须具备的基础理论与知识

一、油菜的种植区域

(一)油菜的分布与分区

油菜广泛分布于世界各地,从南纬 40°到北纬 60°都有种植,但主要产区在亚、欧、美三大洲。我国油菜的分布遍及全国,共有 31 个省、自治区、直辖市种植油菜。北起黑龙江和新疆,南至海南,西至青藏高原,东至沿海各省均有分布。

按农业区划和油菜生产的特点,以六盘山(宁夏境内)和太岳山(山西境内)为界线,大致将我国种植区域分为冬油菜和春油菜两大产区。六盘山以东和延河(陕西境内)以南、太岳山以东为冬油菜区;六盘山以西和延河以北、太岳山以西为春油菜区。

冬油菜区集中分布于长江流域各地及云贵高原。此区域无霜期长,冬季温暖,一年二熟或三熟,适于油菜秋播夏收,种植面积和总产量约占全国的 90%。冬油菜区又分 6 个亚区:华北关中亚区,云贵高原亚区,四川盆地亚区,长江中游亚区,长江下游亚区和华南沿海亚区。其中四川盆地、长江中游、长江下游 3 个亚区是冬油菜的主产区,均以水稻生产为中心,实行油、稻或油、稻、稻的一年二熟或三熟制。

春油菜区冬季严寒,生长季节短,降水量少,日照长且强度及昼夜温差大,对油菜种子发育有利;1 月份平均温度为 -10℃ ~ -20℃或更低,为一年一熟制,实行春种(或夏种)秋收,种植面积及产量均只占全国的 10%。春油菜区又分 3 个亚区:青藏高原亚区,蒙新内陆亚区和东北平原亚区(图 2-1)。春油菜区有西北原产的白菜型小油菜和分布广泛的芥菜型油菜。蒙新内陆亚区与冬油菜区的云贵高原亚区,是我国芥菜型油菜类型分化最多和种植面积最大的地区。西北地区还是世界上单产最高的地区,而东北平原则为我国新发展的春油菜产区。

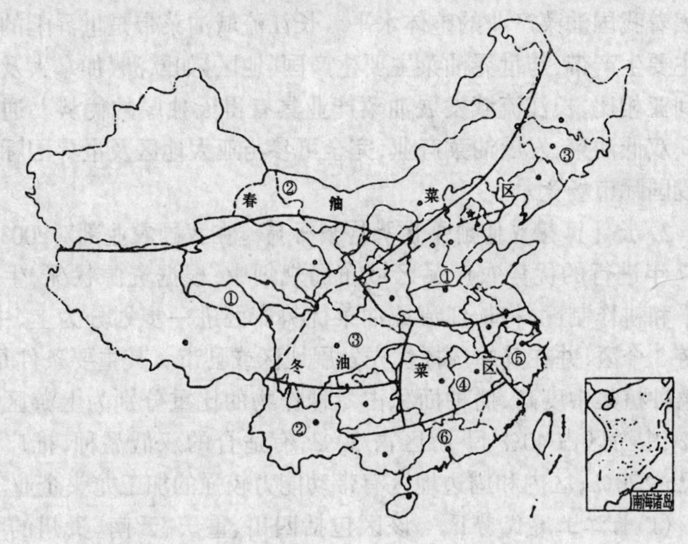

图例:

------冬、春油菜区分界线　——冬油菜区分界线

春油菜区:

①青藏高原亚区　②蒙新内陆亚区　③东北平原亚区

冬油菜区:

①华北关中亚区　②云贵高原亚区　③四川盆地亚区

④长江中游亚区　⑤长江下游亚区　⑥华南沿海亚区

图 2-1　我国油菜产区的划分

(二)长江流域是发展油菜的优势区域

1. 长江流域发展油菜优势条件　长江流域冬油菜是我国油

菜主产区，也是世界上油菜分布最为集中、规模最大、开发潜力最大的油菜集中产区。全流域面积达180多万平方千米，油菜播种面积、产量均占全国的85%以上，其中湖北、安徽、江苏、四川和湖南的产量居全国前5位。长江流域产量占世界产量的1/4以上，多于欧洲和加拿大。可以说，长江流域冬油菜区的油菜产业水平代表着我国油菜产业的整体水平。长江流域油菜带是世界上的油菜主要生产带，与世界油菜主要生产国（地区）如欧洲、加拿大及澳大利亚相比，长江流域发展油菜产业具有得天独厚的优势。通过推广双低油菜，发展油菜产业，完全可参与亚太地区及世界国际贸易或国际市场竞争。

2. 长江流域双低油菜优势区域布局 在我国农业部对2003～2007年进行的优势农产品区域布局规划中，根据资源状况、生产水平和耕作制度，将长江流域油菜优势产区进一步划分为上、中、下游3个区，并在其中选择优先发展地区或县市。其主要条件是：油菜种植集中度高，播种面积占冬种作物的比重分别为上游区占30%、中游区占40%、下游区占30%；有适合的双低品种，推广面积已达70%；区内和周边地区有带动能力较强的加工龙头企业。

(1)长江上游优势区　该区包括四川、重庆、云南、贵州的36个县（市、区）。其中四川18个，贵州10个，重庆4个，云南4个。该区气候温和湿润，相对湿度大，云雾和阴雨日多，冬季无严寒，有利于秋播油菜生长。加之温、光、水、热条件优越，油菜生长水平较高。耕作制席以两熟制为主。

该区2005～2006年种植油菜1 678千公顷，油菜籽产量307万吨，面积、产量均占长江流域的27%。四川省历来有食用菜籽油的传统，因而油菜种植面积很广，全省除了甘孜、阿坝、凉山3个少数民族自治州以及攀枝花市以外，所有的地、市都有油菜种植，主要分布在德阳、绵阳、眉山、遂宁、内江等地。

(2)长江中游优势区　该区包括湖北、湖南、江西、安徽和河南信阳的92个县(市、区)。安徽大部分油菜主产区地理位置在长江下游,但油菜的品种、生产条件和产业水平均与长江中游接近,所以被划为长江中游区,属亚热带季风气候,光照充足,热量丰富,雨水充沛,适宜油菜生长。主要耕作制度北部以两熟制为主,南部以三熟制为主。

该区2005~2006年种植油菜3 702千公顷,油菜籽产量639万吨,面积、产量分别占长江流域的59%和56%,是长江流域油菜面积最大、分布最集中的产区。湖北油菜种植区域在江汉平原、鄂东地区,主要在荆州、荆门、襄樊、宜昌、孝感、黄冈、黄石地区。安徽油菜种植面积及产量仅次于湖北,居全国第二位,主要种植集中在六安、合肥、滁州、巢湖、芜湖、安庆、宣成等地,基本上是在淮河以南及沿长江一带。湖南油菜种植区域集中在洞庭湖平原,主要是常德、益阳、岳阳地区。

(3)长江下游优势区 该区包括江苏、浙江、上海3省、直辖市的22个县(市、区)(图2-2)。属于亚热带气候,受海洋气候影响较大,雨水充沛,日照丰富,光温水资源非常适当油菜生长。其主要不利因素是地下水位较高,易造成渍害。土地劳力资源紧张,生产成本高。其耕作制度以两熟制为主。

该区2005~2006年种植油菜888千公顷,油菜籽产量204万吨,面积、产量分别占长江流域的14%和18%,是长江流域油菜籽单产水平最高的产区。江苏、浙江、上海地处长江三角洲,交通便利,港口贸易活跃,油脂加工企业规模大,带动能力强。江苏油菜种植区域主要集中在长江以北,包括盐城、扬州、泰州、南通、南京等丘陵地区。浙江油菜种植主要集中在两个区域:一是浙北的杭(州)嘉(兴)湖(州)地区,二是浙南的衢州—金华地区,两地区油菜籽产量约占浙江总产量的85%。近年来浙江油菜种植面积和产量都大幅下降,特别是杭嘉湖地区由于工业快速发展,减少幅度更大。

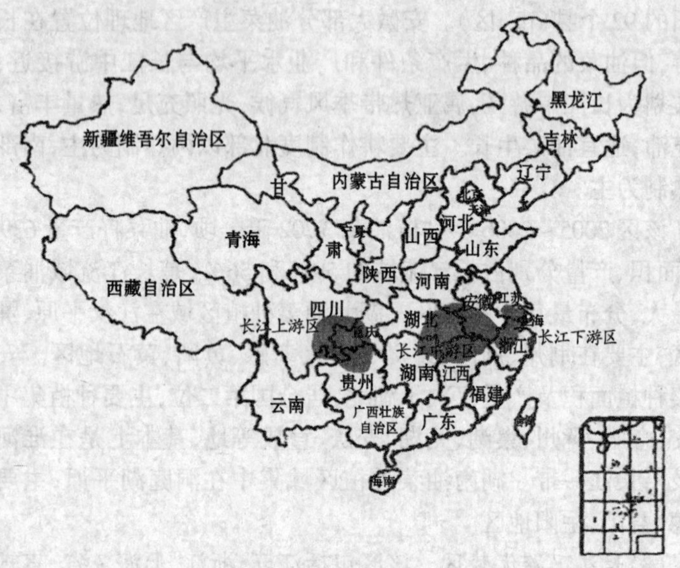

图 2-2 双低油菜优势区域布局示意图(中国农业部)

注:图中涂黑地域为双低油菜优势区

二、油菜的类型及品种

(一)油菜的类型

1. 按农艺性状分类 以农艺性状为基础,我国油菜可分为白菜型、芥菜型和甘蓝型三大类(表 2-1)。

甘蓝型油菜增产潜力大,抗霜霉病、病毒病能力强,耐寒、耐肥,适应性广,我国油菜产区均有栽培。目前除油用外已开始作蔬菜用。是我国种植的主要类型,种植面积占全国油菜种植总面积的 90%左右。

表 2-1　三大类型油菜特征比较表

项　目	甘蓝型油菜	白菜型油菜	芥菜型油菜
俗　称	日本油菜、欧洲油菜、洋油菜、番油菜等	小油菜(包括北方小油菜和南方油白菜两个变种)	大油菜、苦油菜、高油菜、辣油菜(包括小叶芥油菜和大叶芥油菜两个变种)
植　株	较高大	较矮小	高大
根　系	主根膨大,支细根发达	主根膨大,支细根发达	主根发达,支细根少
叶　片	叶色较深,叶片厚,叶面有蜡粉,薹茎叶无柄、半抱茎	叶色深绿色至淡绿色,无蜡粉,叶片薄,薹、茎、叶无柄,全抱茎	叶色深红色或紫色,有蜡粉,叶片厚,薹、茎、叶有短柄,不抱茎
花	花瓣大、黄色,开花时花瓣两侧重叠	花瓣大、圆形,花瓣淡黄色至深黄色,开花时花瓣两侧重叠	花瓣窄小、淡黄色,开花时花瓣两侧分离
角　果	角果较长,果柄与果轴垂直着生	角果肥大、扁圆,果喙明显,果柄与果轴呈锐角着生	角果细短,果柄与果轴夹角较小
种　子	较大,种皮黑褐色,含油量35%～45%,千粒重3～4克,种皮表面网纹浅	大小不一,种皮褐色、黄色或黄褐色,含油量35%～45%,千粒重2～3克,种子表面网纹较浅	较小,种皮有红、黄、褐等色,含油量30%～35%,千粒重1～2克,种皮表面网纹明显
授粉习性	具有自交亲和性,异交结实率20%～30%,属常异交作物	具有自交不亲和性,异交率75%～95%,属典型异交作物	具有自交亲和性,异交率20%～30%,属常异交作物
生育期	较长,170～230天	较短,150～200天	中等,160～210天
抗逆性	耐寒、耐湿、耐肥,抗病,中耐菌核病	抗病性差,较耐湿	耐瘠、耐旱、耐寒,抗病性中等

白菜型油菜主要有两个变种,一是北方小油菜,一是南方油白菜。北方小油菜在我国种植历史悠久,古代文献中称为芸薹,分布在我国西北、华北各省,以青海、甘肃、内蒙古等省、自治区较多。

主要特征是株型矮小,分枝少,茎秆细,基叶不发达,匍匐生长。叶椭圆形,有明显的琴状裂片,具刺毛,多被有一层薄蜡粉。南方油白菜在长江以南各地均有种植,与北方小油菜比较,株型较大,茎秆较粗壮,叶肉组织疏松,基叶发达,叶柄宽,叶肋肥厚,叶片圆形或有浅缺刻,绝大多数不具蜡粉。易感染病毒病和霜霉病,产量较低,适宜在季节较短、低肥水平的高海拔地区栽培,可作蔬菜和榨油兼用作物。白菜型油菜生育期变幅较大,我国北方春播小油菜的生育期 60~130 天,冬播小油菜则为 130~290 天。

芥菜型油菜包括小叶芥油菜和大叶芥油菜两个变种。主要分布在我国西北和西南各地,新疆和云南是我国芥菜型油菜最为集中的地方,栽培历史悠久。其主要特点是植株高大,株型松散,分枝纤细,分枝部位高,主根发达。产量不高,但耐瘠、抗旱、抗寒,适于山区、寒冷地带及土壤瘠薄地区种植。也可作调料和香料作物。

2. 按生育期长短分类 按生育期的长短将不同油菜品种分为早熟、中熟和晚熟 3 种类型。一般冬性油菜为晚熟或中晚熟品种,半冬性油菜为中熟或早中熟品种,春性油菜为极早熟、早熟及部分早中熟品种。不同熟期品种的具体生育天数因不同地理位置、不同地区耕作栽培制度而有较大差异。不同学者对油菜的划分标准也有差异。一般以收获时间划分较易掌握,但也是相对而言的。如对甘蓝型油菜品种的划分标准,江苏省在一般情况下将 5 月 25 日以前成熟的划为早熟品种,5 月底成熟的划为中熟品种,6 月上旬成熟的划为晚熟品种。湖北省则一般将 5 月 5 日以前成熟的划为早熟品种,5 月 10 日以前成熟的划为中熟品种,5 月 10 日以后成熟的划为晚熟品种。

在油菜生产与科研实际工作中,不同地区对正常气候条件下适期播种油菜的熟期有一个相对认同的范围。如甘蓝型油菜品种在长江中熟地区一般以少于 200 天为早熟,200~220 天为中熟,大于 220 天为晚熟;黄淮地区及长江下游地区大致为 220 天以下为早熟,220～245 天为中熟,大于 245 天为晚熟。春油菜区对早中晚熟的天数区分明显不同,如甘蓝型品种在西藏的生育期一般在 130～160 天,中熟品种的生育期在 145～150 天;西藏白菜型春油菜熟期划分标准为全生育期小于 110 天为早熟,110～130 天为中熟,大于 130 天为晚熟。而青海白菜型春油菜不同品种生育期的变化范围在 80～110 天,90～100 天的为中熟品种。

3. 按种植季节分类　油菜整个生育期是在日平均气温 22℃以下完成的,当气候高于 3℃时,油菜籽才能发芽出苗。因地区间气候有差异,导致油菜种植季节不同,因而有冬油菜和春油菜之分。

(1)冬油菜　秋季播种翌年夏季收获。在平均气候下限为 10℃、最冷月平均气温下降为 -5℃的地区可以种植冬油菜。我国长江流域冬季冷凉,春季气候温暖湿润,适宜种植冬油菜。

(2)春油菜　春、夏播种,夏、秋收获。一般在冬季平均气温为 0℃～10℃、1 月份平均温度为 -10℃～-20℃或更低、最暖日均气温在 20℃以下的寒冷地区种植。澳大利亚、欧洲北部、北美加拿大以及我国东北、西北、青藏高原等地,冬季气候干燥、夏季冷凉湿润、日照长、昼夜温差大,适宜于种春油菜。

4. 生产上的常用分类　我国在生产利用不同油菜品种上习惯地将其分为 3 类。

(1)常规(普通)油菜　按常规育种方法育成的高产油菜品种,如中油 821、湘油 10 号等。

(2)杂交油菜　在培育新品种的过程中,利用两个遗传基础不同的油菜品种或品系,采取一定的生产杂种的技术措施(如三系育种、两系育种、化学杀雄、自交不亲和等)得到的第一代杂交种,如秦油 2 号。

(3)优质油菜　有优质特性的油菜。目前主要指菜籽油中为低芥酸、菜籽饼中为低硫代葡萄糖苷含量的油菜。包括单低油菜

(低芥酸),如中油低芥2号、淮油12号等;双低油菜,如华双4号、湘油13号、中双4号等。杂种具有优良品质特性的则称优质杂交油菜,如华杂3号、华杂4号等。

(二)优质油菜的概念及指标

1. 油菜籽的物质组成与品质特性 油菜籽由30%~50%的脂肪(即菜油)、21%~30%的蛋白质及糖类、维生素、矿物质、植物固醇、酶、磷脂和色素等物质组成。脂肪是由甘油和各种脂肪酸组成的酯类。油菜、大豆、向日葵、芝麻等不同油料作物油脂中的脂肪酸成分不同,所生产食用油的营养价值也大不相同。

菜籽油的脂肪酸主要有棕榈酸、硬脂酸、油酸、亚油酸、亚麻酸、花生烯酸、芥酸7种。普通菜籽油的主要问题是芥酸(50%左右)和亚麻酸含量高,油酸和亚油酸含量较低;而双低油菜籽的芥酸含量在2%以下,甚至不含芥酸,使菜籽油的脂肪酸组成更加理想。随着油菜品质的改良及营养学研究的发展,双低油菜籽油的保健价值得到越来越多的肯定。①双低油菜籽油的饱和脂肪酸只有7%,是普通食用油中最低的,比大豆油(15%)低1倍,比动物油(猪油43%、牛油48%)低6~7倍。②双低油菜籽油的油酸含量为60%,仅次于橄榄油;而高油酸双低油菜籽油的油酸含量达到75%~78%,超过了橄榄油。同时油菜籽油中亚油酸的含量远低于红花、向日葵、大豆、芝麻等植物油。

加拿大、芬兰、瑞典、美国科学家研究证明,食用双低油菜籽油的人群比常规人群胆固醇总量要低15%~20%,且低密度脂蛋白含量也低15%~20%,十分有利于人体健康。

硫代葡萄糖苷是一类葡萄糖衍生物的总称,是普通菜籽饼中的主要有害成分。它本身无毒,但能溶于水,在芥子酶的作用下裂解成为几种有毒物质。这些产物的毒性大小顺序为:腈>噁唑烷硫酸>异硫氰酸盐>硫氰酸盐。它们能引起家畜和家禽的肝、肾和甲状腺肿大,造成代谢紊乱,特别对猪、鸡等单胃动物的危害比牛等反刍动物更大。同时还产生一种刺激性气味,降低饲料的适口性。

此外,菜籽中的有害成分还有植酸、酚酸和单宁,这些物质主要影响菜籽饼作饲料使用时的适口性、安全性和营养价值,以及蛋白质的进一步加工利用。

2. 优质油菜的定义　国内外油菜育种家们认为最理想的食用油菜品种应该具有:脂肪酸组成中应少或无芥酸、高油酸和低亚麻酸;饼粕中含硫代葡萄糖苷低,含芥子碱、植酸微量;高油分和高蛋白质含量、低纤维素含量或具有黄色种皮颜色(黄皮籽粒一般含油量高,油黄色,清澈透明)等优良品质。

当前所说的优质油菜主要是指双低油菜,高含油量或具有黄色种皮颜色的油菜。目前生产上大面积推广的优质油菜主要是双低油菜,因而常将优质油菜与双低油菜表述为同一概念。

3. 优质油菜的品质指标　主要有物理指标和化学指标两类。以下介绍主要为新品种选育所要求达到的目标。

物理指标。考察油菜质量的物理指标主要包括种皮色泽、厚薄、皮壳率,油的色泽、透明度、气味等。

化学指标(即化学成分)。①种子含油量45%以上。现在世界上高含油量的标准是45%以上,我国一般要求达到40%～42%。②油中脂肪酸组成为芥酸含量<1%或>55%,亚麻酸含量<3%。芥酸含量超过55%的菜籽油是理想的冷轧钢及喷气发动机的润滑剂和脱模剂,以及金属工业高级淬火油,在工业上具有特殊用途,因此高芥酸含量也是优质油菜的指标之一。亚麻酸对人体有利,但很易被氧化,使油脂产生哈喇味或恶臭气味,影响了油的贮藏性能和品质,所以优质菜籽油的亚麻酸含量以<3%为宜。③饼中硫代葡萄糖苷含量<40微摩尔/克(国内标准),或<30微摩尔/克(国际标准)。④纤维素含量<10%。⑤叶绿素含量低。成熟不

好的菜籽一般叶绿素含量高。

双低商品菜籽、低芥酸菜籽油和低硫苷菜籽饼是双低油菜的重要产品。2001 年 4 月 1 日,我国农业部颁布实施的农业行业标准规定,低芥酸、低硫苷油菜籽中芥酸含量 < 5%,硫苷含量 < 45 微摩尔/克。低芥酸菜籽油中芥酸含量 < 5%。

加拿大等油菜主产国的 Canola(卡诺拉,即加拿大双低油菜)油中芥酸含量 < 1%,商品菜籽中硫苷含量 < 30 微摩尔/克,并已将品种改良目标提高到硫苷含量 < 20 微摩尔/克。我国双低油菜约占 50%,多数双低品种的品质水平与欧洲和加拿大油菜品质相比仍存在一定差距。

(三)我国审定的主要双低油菜新品种

对 2003 ~ 2006 年通过国家农作物品种审定委员会审定的油菜新品种,以及近 10 年来我国推广的不同类型代表性新品种进行归纳,常规品种见表 2-2,杂交品种见表 2-3。其中多数品种在全生育期天数根据其参加区域试验各试验点的平均表现而得出,在不同年份、不同气候条件及不同播种条件下会有一定的变动。

表 2-2　我国主要双低常规油菜新品种

类　型	品种名称	全生育期(天)	参试区域	审定级别/年	选育单位
白菜型强冬性	延油 2 号	284	甘肃	甘肃/2001	甘肃省平凉地区农科所
白菜型冬性	皖油 11 号	170 ~ 205	安徽	安徽/1996	安徽省农业科学院
甘蓝型半冬性	华双 4 号	211	长江中游	国家/2003	华中农业大学
	华双 5 号	214	长江中游	国家/2004	华中农业大学
	中双 6 号	210	长江下游	国家/2003	中国农科院油料研究所

续表 2-2

类型	品种名称	全生育期（天）	参试区域	审定级别/年	选育单位
甘蓝型半冬性	中双5号	226	长江下游	国家/2004	中国农科院油料研究所
	中双9号	220	长江中游	国家/2005	中国农科院油料研究所
	中双10号	216	长江中游	国家/2005	中国农科院油料研究所
	沪油15号	238	长江下游	国家/2003	上海市农业科学院
	沪油16号	236	长江下游	国家/2004	上海市农业科学院作物所
	苏油1号	229	长江下游	国家/2003	江苏省太湖地区农科所
	沪油17号	238	长江下游	国家/2006	上海市农业科学院作物所
	宁油14号	237	长江下游	国家/2004	江苏省农业科学院经作所
	扬油6号	234	长江下游	国家/2004	江苏省里下河地区农科所
	史力丰	237	长江下游	国家/2003	江苏省南京绿江种苗开发中心
甘蓝型偏春性	赣同17号	194	江西	江西/2000	江西省农业科学院旱作所
甘蓝型春性	H165	180 110～120	云南 青海 内蒙古	国家/2002	中国科学院遗传所
	云油23号	110～140	云南	云南/2001	云南省农业科学院油料所

表 2-3　我国主要双低杂交油菜新品种

类　型	品种名称	全生育期（天）	参试区域	审定级别/年	选育单位
甘蓝型弱冬性	秦优 7 号	245～250、218、226	黄淮 长江中下游	国家/2002、2003、2004	陕西省杂交油菜研究中心
	华油杂 7 号	230	长江中游	国家/2003	华中农业大学
	绵油 14 号	220	长江上游	国家/2004	四川省绵阳市农科所
甘蓝型半冬性	秦优 8 号	243 216、234	黄淮 长江中下游	国家/2004，2005	陕西省咸阳市农科所
	秦优 9 号	242 216、232	黄淮 长江中下游	国家/2003，2004，2005	陕西省咸阳市农科所
	秦优 10 号	236	长江下游	国家/2006	陕西省咸阳市农科所
	杂双 2 号	240	黄淮区	国家/2004	河南省农科院棉油所
	豫油 5 号	235	黄淮区	国家//2003	河南省农科院棉油所
	丰油 10 号	240	黄淮区	国家/2005	河南省农科院
	成油 1 号	242	黄淮区	国家/2005	西北农林科技大学农学院
	渝黄 2 号	214	长江中游	国家/2004	西南农业大学
	南油 10 号	220	长江上游	国家/2005	四川省南充市农科所
	蓉油 10 号	215	长江中游	国家/2004	四川省成都市第二农科所
	蓉油 11 号	233	长江下游	国家/2004	四川省成都市第二农科所

续表 2-3

类　型	品种名称	全生育期（天）	参试区域	审定级别/年	选育单位
甘蓝型半冬性	蓉油 12 号	213	长江上游	国家/2004，2005	四川省成都市第二农科所
	蓉油 13 号	219	长江上游	国家/2005	四川省成都市第二农科所
	华油杂 6 号	224	长江下游	国家/2003	华中农业大学
	华油杂 8 号	220	长江中游	国家/2004	华中农业大学
	华油杂 9 号	233	长江下游	国家/2004	华中农业大学
	华油杂 10 号	215	长江上游、中游	国家/2004，2005	华中农业大学
	华油杂 11 号	230	长江下游	国家/2004，2005	华中农业大学
	华皖油 4 号	223	长江上游	国家/2005	华中农业大学
	华油杂 12 号	223、218	长江上游、中游	国家/2005，2006	华中农业大学
	华油杂 13 号	220	长江上游	国家/2005	华中农业大学
	华油杂 14 号	219	长江中游	国家/2005	华中农业大学
	亚华油 10 号	220	长江上游	国家/2006	华中农业大学
	华油 2790	246，228	黄淮，长江中游	国家/2003	中国农科院油料所

续表 2-3

类　型	品种名称	全生育期（天）	参试区域	审定级别/年	选育单位
甘蓝型半冬性	中油杂 4 号	214	长江中游	国家/2004	中国农科院油料所
	中油杂 6 号	222	长江中游	国家/2003	中国农科院油料所
	中油杂 7 号	213	长江上游	国家/2004	中国农科院油料所
	中油杂 8 号	214	长江中游	国家/2004	中国农科院油料所
	中油杂 9 号	223、232	长江中下游	国家/2003，2004	中国农科院油料所
	中油 6303	221	长江上游	国家/2005	中国农科院油料所
	中油杂 11 号	222、231	长江上中下游	国家/2005	中国农科院油料所
	中油杂 12 号	220	长江中游	国家/2006	中国农科院油料所
	湘杂油 3 号	218	长江中游	国家/2003	湖南省常德市农科所
	丰油 701	215	长江中游	国家/2004	湖南省农科院作物研究所
	两优 586	196～200	长江中游	国家/2001	江西省宜春地区农科所
	天禾油 6 号	235	长江下游	国家/2005	安徽省种子总公司
	皖油 22 号	232	长江下游	国家/2005	安徽省农科院作物所
	皖油 19 号	234	长江下游	国家/2004	安徽省农科院作物所

续表 2-3

类　型	品种名称	全生育期（天）	参试区域	审定级别/年	选育单位
甘蓝型半冬性	浙双6号	220	长江下游	国家/2003	浙江省农科院作物所
	沪油杂1号	221、234	长江中下游	国家/2005	上海市农业科学院
	核杂7号	236	长江下游	国家/2004	上海市农业科学院
	苏油3号	243	长江下游	国家/2003	江苏省农科院经作所
	油研10号	223	长江上中下游	国家/2004	贵州省油料科学研究所
	德油8号	214、223	长江上游、下游	国家/2004	李厚英、王华
甘蓝型偏春性	浙双72	中熟/220	长江下游	国家/2003	浙江省农科院作物所
甘蓝型春性	互丰010	138	青海	青海省/1999	青海省杂交油菜研究开发有限责任公司
	青杂2号	133	西北春油菜区	国家/2003	青海省农林科学院春油菜研究开发中心
	青杂3号	108	西北春油菜区	国家/2003	
	青杂5号	134	西北春油菜区	国家/2006	
	华协1号	117	甘肃、新疆	国家/2001	华中农业大学
	新油16号	109	新疆	新疆/2004	华中农业大学
	陇油五号	120	甘肃	甘肃省/2000	甘肃省农业科学院经作所

续表 2-3

类　型	品种名称	全生育期（天）	参试区域	审定级别/年	选育单位
白菜型春性	陇油三号	中熟/95	甘肃	甘肃省/1998	甘肃省农业科学院经作所
	陇油四号	96	甘肃	甘肃省/2000	甘肃省农业科学院经作所
芥菜型春性	新油 14 号	94～135	新疆	新疆/2000	新疆农科院经作所

三、油菜的生长发育过程

油菜从播种到成熟所需要的时间称为生育期。生育期的长短因油菜类型、品种、地区自然条件和播种期早迟等相差较大。甘蓝型品种完成全生育期需 180～220 天。北方冬油菜由于经过漫长的冬季生育期，一般为 260～290 天；春油菜生育期短，为 80～100 天。小油菜春麦收后播种，60 天即可生产出种子。一般长江上游地区要早于中游地区 5～10 天，中游地区比下游地区要早 10～15 天。

油菜植株的生长和发育是一个连续的过程，但可以分为以下几个显著的阶段：发芽出苗期、苗期、蕾薹期、开花期和角果发育期（图 2-3）。不同阶段的生育特点各不相同，每个阶段的开始并不是上一阶段的结束，上下阶段之间是有一定的重叠与交叉。不同阶段持续时间的长短和发育情况受温度、湿度、光照（日照长度）、营养和品种等条件的影响而发生变化（表 2-4）。

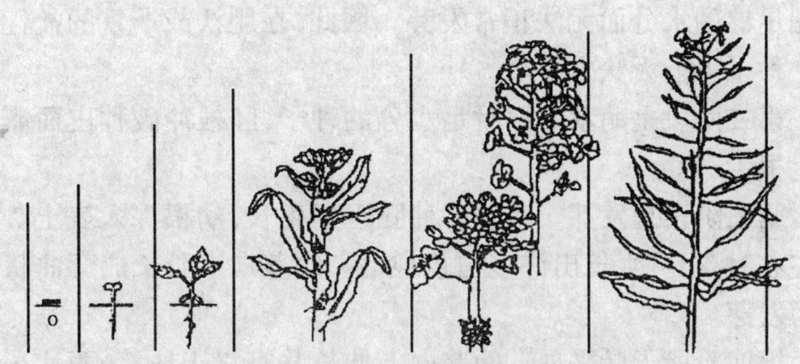

图 2-3　冬油菜的生长发育过程与阶段

表 2-4　油菜不同生长发育阶段所需时间

发芽出苗期	苗　期	蕾薹期	开花期	角果成熟期
>3~5天	80~120天	30~50天	20~30天	约30天
9~10月	10月至 翌年1月	2月	3月上旬至 4月上旬	4月中旬至 5月上旬

(一)发芽出苗期

油菜种子中所含的油类和蛋白质为发芽提供能量,苗床为种子发芽提供充足的水分、氧气和适宜的温度。

1. 种子萌发出苗的过程

第一阶段是吸收水分与体积膨大。油菜种子首先经历一个迅速吸水的阶段,随后缓慢吸水,再迅速吸水并伴有种胚的生长。当种子体积膨大到原来体积的1倍左右时,说明水分已吸足。在吸水的过程中,蛋白质分解为氨基酸,油类分解为脂肪酸和甘油。这些分解的物质运输到种子的生长点,在生长点重新合成为种胚生长所需的蛋白质、脂类等物质,使种子膨胀。由于水分是来自土壤,所以种子必须与土壤紧密接触。种子细胞的吸水受到土壤中无机盐和有机物浓度的影响,如土壤中盐类浓度过高,种子就吸收不到足够的水分而无法正常发芽。因此,在肥沃或严重的盐性土壤上种子可能无法发芽。

第二阶段是萌动。即吸足水分的种子,胚根冲破种皮而露出白色根尖。

第三阶段是发芽。萌动后种胚迅速生长,幼根深入表土 2 厘米左右时,根尖生长出许多白色根毛。幼茎向上延长成弯曲状时称为发芽。

第四阶段子叶平展。幼茎向上伸长并直立于地面,两片子叶张开平展,称为出苗。

2. 种子萌发的条件 种子发芽最适温度为 25℃。低于 3℃ ~ 4℃,高于 36℃ ~ 37℃,都不利于发芽。一般 5℃以下需 20 多天才能出苗;月平均温度 16℃ ~ 20℃时,3 ~ 5 天即可出苗。种子需吸水达自身干重的 60%左右才能萌动,发芽时以土壤水分为田间最大持水量的 60% ~ 70%较为适宜。

种子发芽需要充足的氧气进行呼吸作用而提供能量。种子吸水 4 小时后所需要的氧气急剧增加,呼吸作用迅速增强。当种子胚根、胚茎突破种皮后氧的需要量猛增。由于油菜种子脂肪含量高,与水稻、小麦种子相比萌发需要的氧气较多,因此保证土壤疏松不板结,避免播种覆土过深或土壤水分过多才能使油菜籽顺利发芽。一般只有在浸水或土壤压得过于坚实的情况下氧气才会成为一个限制因素。

影响种子发芽的其他因素包括种子的生长力、种子大小、土壤微生物、种子稳固性和种子病害。种子的生长力是指种子是不是活的、能否发芽。种子的大小反映出种子中营养物质的多少,大的种子有更多的营养物质,发芽更快,能向更深的土壤中吸取能量,可以长出更壮的幼苗。土壤微生物可导致种子腐烂,尤其是在发芽条件差的情况下。种子处理可以保护种子和幼苗免受土壤病菌的感染。种皮上的裂隙增加了种子疾病的易感性,能降低发芽率。

带病的种子可能导致皱缩种,它可以发芽,但幼苗会感染病害。

(二)苗　期

苗期是指油菜出苗后子叶平展至现蕾这段时期。冬油菜的苗期较长,常占全生育期的一半或一半以上(为 120~150 天)。一般从出苗至开始花芽分化为苗前期,开始花芽分化至现蕾为苗后期。也有按冬至节气划分苗前期和苗后期的。苗前期主要是营养器官如根系、缩茎、叶片等生长的时期,为营养生长期。苗后期营养生长仍占绝对优势,主根膨大,并进行花芽分化。苗期一般主茎不伸长,只有在种植密度过大或冬性不强的品种早播的情况下,主茎才会有伸长(称为早薹),主茎基部着生的叶片节距很短,整个株型呈莲座状(或丛生型)。

苗前期发育好,则主茎节数多,可制造和积累较多的养分,促进苗后期主根膨大,幼苗健壮,分化较多的有效花芽,有利于壮苗早发,安全越冬,为高产打好基础。

(三)蕾薹期

蕾期是油菜从现蕾至始花的阶段。现蕾是指分开主茎顶端 1~2 片幼叶可见到明显花蕾的时期。抽薹则是指油菜现蕾后或在现蕾的同时主茎节间开始伸长时的时期,当主茎高度达 10 厘米时,进入抽薹期。在长江流域,甘蓝型油菜的蕾薹期一般为 25~30 天,正常情况下出现在 2 月中旬至 3 月中旬。蕾薹期的长短受品种、气候、肥水等多种因素的影响较大。气温较高、肥水充足,可促进油菜的生长发育,使现蕾抽薹提早;反之则晚。

蕾薹期油菜为营养生长旺盛、生殖生长由弱转强的时期。在这一时期根系继续扩展,随着气温的上升,主茎迅速伸长增粗,分枝不断出现。长柄叶的功能逐渐减弱,短柄叶迅速伸展扩大面积,功能逐渐增强,成为这一时期的主要功能叶;薹茎上的无柄叶也陆续伸展出来。花芽分化速度显著加快，花蕾加倍增长，花器数量迅猛增加。因此，蕾薹期是油菜春发稳长，达到根强、秆壮、枝多，为角果多、粒多、粒重打下扎实基础的关键时期。

（四）花　期

油菜从始花到开花结束的一段时间称为花期。全田有 25% 植株开花为初花期，全田有 75% 以上的花序开花为盛花期，全田 75% 以上的花序停止开花称为终花期。长江流域的花期为 25～30 天。花期开始的早迟、持续时间的长短因品种和种植地的气候而异。早熟品种开花早，花期长；反之则短。气温低时开花进度慢，花期长；气温高的条件下开花快，花期短。

开花期是油菜营养生长和生殖生长两旺的时期，盛花期时生殖生长已占绝对优势。从始花到盛花，根系的生长较快，至盛花期时根系的积累总量达到一生的最大值，根群密布于整个耕作层内，植株的吸收能力达到最大。此后，根系活力逐渐下降。茎秆的长度和粗度在花期时基本定型，但茎内的干物质重量快速增加，茎逐渐充实，终花时茎秆干物质总量达到最大值。分枝在花期迅速伸长，边开花边结角果，至终花时停止伸长。花期的主要功能叶为主茎和分枝上的无柄叶，叶面积在盛花时达到油菜一生中的最大值，叶片的光合作用正处于最旺盛的时期。盛花期以后根、茎、叶生长则基本停止，生殖生长转入主导地位并逐渐占绝对优势，是决定角果数和每果种子粒数的重要时期。

（五）角果成熟期

角果成熟期是指终花至角果种子成熟的一段时期。油菜终花后，花朵中的子房膨大形成幼嫩的角果，逐渐形成大角果，植株上的叶片已大量脱落，角果皮逐渐转化为光合作用的主要器官，制造种子发育所需的大部分营养物质。同时，根系吸收的部分营养物质和茎枝中贮藏的营养物质也源源不断地向种子中输送，种子体积增大充实，油分和其他营养物质也不断积累贮藏其中，直至种子完全成熟为止。此期是油菜充实、形成高产的重要时期。

四、油菜安全生产知识

(一)双低油菜商品品质下降的原因

目前生产上使用的双低优质油菜品种很多，但是油菜籽收购部门却很难收到双低油菜的商品菜籽。其原因主要来自3个方面。

1. 生物学混杂 油菜的天然异交率很高，白菜型油菜为75%～85%，芥菜型油菜为10%以上(高的可达40%)，甘蓝型油菜为10%～30%。所以双低油菜品种种植区域内，如果交叉种植了双高普通油菜品种，则开花期间相互串粉，导致油菜种子品质变劣。因此对优质油菜的生产基地选择或隔离措施要予以高度重视。

2. 机械混杂 在油菜生产过程中，如播种、清沟、脱粒、晒种、清选、贮藏、调运等环节中，如果不按规程操作或控制不严格，则很容易混杂。双低优质油菜种子价格比普通油菜种子价格高，如在种子收获、收购时不把住品种质量关，会把普通油菜种子混入进去。

3. 稆生油菜混杂 所谓稆生油菜，又叫野油菜、自生油菜。是指在种过油菜的地里，翌年秋、冬季不经人工播种而自己生长出来的油菜植株。据观察，落在地里的油菜籽，可随土壤翻耕被翻至土内下层，由于空气不足不能发芽，但是种子并没有死亡，秋、冬季整地时将土内下层的油菜籽翻到上层，当空气、水分等发芽条件具备时，油菜籽便发芽出苗，产生混杂。

（二）保优栽培措施

1. 采取隔离措施防止生物学混杂 主要是防止虫媒和风媒传粉。

（1）空间隔离 一般要求双低优质油菜品种的种植区域与双高普通油菜品种以及白菜、菜薹、甘蓝等其他十字花科作物的种植区域应相隔 800 米以上，这样的距离才能保证收到优质油菜籽。其方法是：在平原地区以种子繁殖基地为中心，建立四周 1 000 ~ 2 000 米范围内不种油菜和其他十字花科作物的隔离区，隔离距离越远越好。如有山区、丘陵、沙洲、湖泊等天然隔离条件的，可减少空间隔离距离。选择四面环山谷地及四面环水的小岛作为繁种田最为适宜。

（2）屏障隔离 利用现有的高大林带、天然山丘或湖泊，以及不同作物种植区进行隔离。

（3）时间差隔离 安排好播种时间，错开油菜与其他十字花科作物的开花季节，如冬油菜的春性型品种可在当年早春播种。

（4）人工隔离 即利用工具阻止异种花粉侵入。此法适用于小量材料或单株繁殖与保纯。主要有以下 4 种：一是纸袋隔离。硫酸纸做成 30 厘米 × 15 厘米的纸袋，开花初期选择上部花序，去掉已开花朵和幼果，套上纸袋，下部用回形针扣紧，随着花序伸长不断将纸袋往上提，成熟后收自交种子。二是纱罩隔离。竹篾编成直径 30 厘米、长 40 ~ 60 厘米的圆筒，外套纱罩，两端为锁口。油菜开花前套在植株上，上下口锁紧，中间用小竹竿穿过纱罩插在植株旁固定篾笼，终花后摘除。三是纱帐隔离。用 36 ~ 40 目/平方厘米尼龙纱做成 2 米纱帐，开花前罩住油菜植株，每个纱帐罩 10 ~ 12 株，终花后摘除。四是网室隔离。用尼龙纱或钢纱做成活动网室，用作原种繁殖大量种子。注意在室内放蜂辅助授粉。

2. 防止机械混杂 严把从播种到种子收获、调运全过程的每一道关口，制定操作规程，培训相关人员，严格监督管理，防止机械混杂。按品种、按田块单收、单打、单晒、单藏，种子袋内外都要有注明品种名称的卡片。

3. 采取措施防止稆生油菜混杂　主要措施有：实行水旱复种轮作，这是最彻底的措施。油菜收获后立即灌水，促使落地种子发芽后再翻耕种植夏季作物，这样可以清除落地油菜种子。秋作物收获后，油菜种子播种前灌1次水，促使落地油菜种子发芽，再喷施1遍灭生性除草剂，接着翻耕播种油菜。

（三）购买油菜种子应注意的问题

第一，油菜籽剥去种皮进行观察，凡幼芽、幼根带青白色，子叶带青绿色、黄白色、黄色且湿润、有弹性的为有生命力的种子；而幼芽、幼根带褐色，子叶亦呈褐色干秕、皱缩的为已经死亡的种子。

第二，正确看待广告宣传，且高价位的品种不等于就可获得高效益。

第三，购买通过审定的油菜品种种子。《种子法》第十七条规定，应当审定的农作物品种未经审定通过的，不得发布广告，不得经营、推广。必须是经国家审定或省级农作物品种审定委员会审、认定的，应有品种审、认定编号，或同意引种批文。如果是国外进口或外地调运的新品种，应有在本地区试种过1～2年的证明。

第四，购买合法种子经营单位（者）经销的油菜种子，不要购买无证、无照经营者或商贩销售的种子。合法的种子经营者主要是：具有《种子经营许可证》和《营业执照》的种子经营单位及其分支机构；其《营业执照》的经营范围中含有“种子”并持有委托销售者的《种子经营许可证》复印件和书面委托书的种子代销经营者；其《营业执照》的经营范围中含有“销售包装种子”的种子零售者。应注意保留销售者的联系地址和电话。

第五，购买包装、标志符合法律法规规定的种子。所购买的种子是否是小包装(国家规定最大包装不超过25千克),包装上是否有标签,标签内容是否齐全真实。不要购买散装种子或包装破损、标志不清的种子。《种子法》第三十四、三十五条规定,销售的种子应当加工、分级、包装,实行分装的,应当注明分装单位,并对种子质量负责;销售的种子应当附有标签,标签和包装物上应标明作物种类、品种名称、质量指标、生产商、净含量、生产年月、警示标志等。质量指标包括种子的净度、发芽率、纯度、含水量指标等。

第六,购种时要向种子销售者索取有关的购种凭证和品种简要性状、主要栽培措施等有关技术资料,并在播种后将种子包装袋连同购种凭证、资料一起保存,以备发现种子质量问题时作为索赔的依据。

第七,注意辨认种子生产许可证和植物检疫证号,这两个号码的年份与种子生产的年份应该一致。如果号码标注的年份与往年的不一致则不是正宗种子,有可能是假冒或过期陈种。

第八,发现所购的种子有质量问题并造成损失时,须持售种者出具的购种凭证、种子包装袋等索赔依据,首先要求售种者组织田间鉴定和测产,并赔偿因质量问题造成的损失。如售种者不能在田间现场保全期间赔偿或田间鉴定、测产,应向所在地、县级农业行政主管部门投诉。如果经有关管理部门协商、调解、仲裁仍不能得到赔偿或认为赔偿不合理,可直接向人民法院起诉,要求根据《中华人民共和国种子法》及其相关法律的有关规定给予赔偿。

第九,运用防伪标志,举报假冒种子。优良品种采用厂电码防伪,通过刮号打电话辨别真假。若是假的则应到当地工商、质量监督和农业部门举报。

五、油菜对温度与水分的要求

(一)温度对油菜生长的影响

1. 油菜对温度的要求　苗期适宜温度为10℃～20℃。高温持续时间长分化快;苗期遇短期0℃以下低温不会受冻,若持续时间长则易受冻害。温度的高低因油菜品种的发育特点不同而影响其苗期的长短,进一步影响其营养器官的物质积累量。冬油菜苗期温度的高低,特别是有效积温的多少将决定其年绿叶数和年后分枝数的多少。苗期有效积温多,年绿叶数多、分枝多、产量高。

蕾薹期适宜的温度有利于稳长。温度过高造成主茎伸长过快,易出现茎薹纤细、中空和弯曲现象;温度过低则易引发裂茎和死蕾,都会降低产量。冬油菜一般在开春后当气温稳定在5℃以上时开始现蕾抽薹,气温达10℃以上时抽薹加快。若气温过高,抽薹速度过快,茎组织疏松,易出现茎薹弯曲现象,不利于产量的形成。同时在此期间若遇到0℃以下的低温,植株就有可能受冻,轻者可逐渐恢复生长,重者折断枯死。

甘蓝型油菜开花的适宜温度范围为12℃～20℃,最适温度为14℃～18℃。气温下降到10℃以下时,开花数明显减少;下降到5℃以下时多不开花;下降到0℃或0℃以下时,正开放的花朵大量脱落。当气温上升到30℃以上时,花朵结实不良。油菜在花期影响产量的主要因素为低温,低温会导致开花、受精不良,结实率明显降低或不能结实。

气温15℃～20℃是油菜角果发育的适宜温度范围。菜籽灌浆成熟期间,在适宜温度范围内,温度愈低,灌浆时间愈长,愈有利于籽粒的增重饱满,能提高产量,改善菜籽品质。温度过高或过低都不利于籽粒的灌浆。高温则易造成高温逼熟现象,粒重显著下降而减产。温度低于15℃时，一般中晚熟品种不能正常成熟。

2. 油菜的温光反应特性

(1)油菜的感温性　是指油菜一生中必须经历一个较低的温度时期使其菜苗才能进行花芽分化，否则会长期停留在只生长根、茎、叶等营养器官的苗期阶段。不同品种类型对温度条件的要求有所不同，据此可将油菜分为以下3种类型。

①冬性型：这一类品种对低温要求严格，一般需要在0℃～5℃的低温条件下，经历30～40天，才开始花芽分化。这一类型多为冬油菜中的晚熟或中晚熟品种。如白菜型冬油菜和芥菜型冬油菜晚熟和中晚熟品种。

②半冬性型：该类型对低温的要求介于冬性春性二者之间，一般在5℃～15℃温度条件下，经历20～30天才能进入花芽分化。大多数甘蓝型油菜的中熟和中晚熟品种，以及长江中下游中熟白菜型品种均属此类型。

③春性型：此类型对低温的要求不严格，一般15℃～20℃的温度条件下，经历15～20天就开始花芽分化。一般为冬油菜极早熟、早熟和部分早中熟品种，以及春油菜品种。如我国西南地区的白菜型早熟和早中熟品种，华南地区的白菜型品种和甘蓝型油菜极早熟品种，西北地区的春油菜品种。

油菜完成春化作用的器官可以是生长中幼苗的根、茎、叶，也可以是萌发过程中的幼胚。有些可在发芽过程中完成，另一部分则只能在菜苗的7～10叶期才能完成。

(2)油菜的光照作用　油菜的光照作用又称感光性。是指油菜在生长发育过程中要求一定长度的光照条件菜苗才能现蕾的特性。周期性地增加光照时数可使菜苗提早现蕾开花；反之，减少光照时数则使菜苗现蕾开花延迟。根据不同类型品种对这种因增加光照时数所引起的现蕾开花提早程度及对绝对光照时数长度的要求可将其分为强感光型和弱感光型两类。

强感光型:北美加拿大西部、欧洲北部和我国西北部的春油菜多为此类型。其花前经历的平均日长分别为16小时左右、15小时以上和14小时以上。

弱感光型:所有的冬油菜和极早熟春油菜均为此类型。其花前所经历的日长为10～11小时。

油菜感光最敏感的时期为春性冬播油菜和春播春油菜在9～10叶期,偏冬性和半冬性油菜在11～12叶期。

(3)温光反应特性在生产上的应用 油菜的温光反应特性有4种类型:即冬性—弱感光性(冬油菜),半冬性—弱感光性(冬油菜),春性—弱感光性(主要为冬油菜,亦有少量春油菜品种),春性—强感光性(春油菜)。掌握油菜的感温和感光特性,对油菜的引种、品种的布局以及栽培管理等方面都有着重要的作用。

3. 低温冻害及其防治 油菜的低温冻害主要发生在越冬期间,也可发生在早春寒潮期间。当气温降至－3℃～－5℃时,油菜就会遭受冻害。油菜冻害可表现在地上部和地下部。

地上部冻害包括叶片、茎秆、蕾薹、幼果。叶片受冻害是最普遍的。受冻叶片初呈烫伤状,持续低温会导致细胞间隙内水分结冰,使叶片组织受冻死亡;早春寒潮期间如果温度不是太低,叶片下表皮生长受阻,而其余部分继续生长,则导致叶片呈现凹凸不平的皱缩现象。油菜现蕾抽薹期,抗寒力最弱,只要温度在0℃以下时就会出现冻害。薹受冻初呈水烫状,嫩薹弯曲下垂,茎部表面破裂,是鉴定品种是否耐冻的一个主要标志。冻害严重时,即使能开花,也会结实不良,出现主花序分段结实现象。

地下部冻害苗期表现为根拔现象。是指弱小或扎根不深的油菜苗若遇夜间－5℃～－7℃的低温,土壤结冰膨胀,幼苗根系被抬起;白天气温回升,冻土溶解体积变小下沉、幼苗根系被扯断外露的现象(犹如被人为拔起一般)。出现根拔现象的幼苗,若再遇冷风日晒,则会大量死苗。直播田块的根拔现象最为突出。

油菜受冻害与很多因素有关,必须采取综合性的防冻措施。除选用抗寒耐寒的品种、培育油菜壮苗外,应着重采取如下技术措施:①早施苗肥,重施腊肥,培育壮苗防冻。提高油菜自身抵御低温冻害的能力是防止冻害的关键,而油菜冬前营养生长良好,形成强大的根系有利于这种能力的提高。因此冬前应抓住有利时机早追苗肥,特别是晚栽和迟播的菜苗,要尽早中耕松土、施肥、间苗、补苗。另外,越冬前于 12 月上中旬重施腊肥,有助于提高土壤温度。群众常说“一层腊肥一层被”。用腊肥防冻保温,就是这个道理。据试验,越冬前或越冬初期在油菜行间壅施猪、牛粪或土杂肥等有机肥料,可以提高土壤温度 2℃ ~ 3℃。②培土壅根防冻害。结合施腊肥进行中耕、除草、培土,培土高度一般以第一片叶基部为宜,这样既可疏松土壤、提高土温,又能直接保护根部,有利于根系生长,防止严冬发生根拔现象,防止后期倒伏。③灌水增湿防冻。封冻前 1 个月,日平均气温下降到 3℃ ~ 5℃时灌 1 次越冬水,可缩小土壤昼夜温差,改善田间小气候,缓和低温伤害,防止干冻死苗。越冬水要浇足、浇透,以田间不积水为限,浇后外露的根基要适时重新培土。④摘除早薹、早花防冻。甘蓝型冬油菜应摘除冬前出现的早抽花,以防止或减轻冻害。摘除后必须追施 1 次速效性氮肥,使植株体内养分得以补偿,以促进其恢复生长,促发分枝,增加着果部位。

4. 干热风的危害及其防治 干热风,也称干旱风、火风、热风,是农业气象的一种灾害。农谚“麦怕四月(公历 5 月)风,风过一场空”。这说明了干热风对冬小麦的危害。干热风对冬油菜的危害也很大。因为干热风主要发生在油菜角果发育成熟后期,可导致油菜植株体内营养物质向种子的运送受阻,造成种子充实度下降,瘪粒增加,千粒重减轻,最后形成高温逼熟,产量下降。

出现干热风的气象要素主要表现为:天气少雨干燥,气温偏高多风。其一般指标是:农田小气候在 14 时前后空气相对湿度≤

30%，日最高气温≥30℃，风力≥3米/秒，俗称“三三制”。气象要素越大于此基本指标，危害越重。因此在干热风期间，要注意水分供应，有条件的地区最好采用喷灌，以水调温，以水调湿，改善田间小气候，减轻干热风危害程度。

(二)油菜对水分的要求

1. 油菜需水特点　油菜是需水较多的作物之一，其每形成1克干物质蒸腾耗水量达350～900毫升。油菜对水分的需求有两个关键时期：一是需水量最多的时期，称为最大需水期。二是需水量虽然不大，但十分敏感，成为水分临界期。如果此时水分供应不足，则其所造成的损失即使以后补充足够的水分也难以弥补。油菜的最大需水期是开花期，水分临界期是蕾薹期。

(1)苗期　油菜播种时若土壤湿度降至10%～15%则严重影响出苗和全苗，移栽油菜苗受旱则叶片易黄化脱落甚至不能成活。苗期田间最大持水量以70%以上较为适宜，80%～85%为最佳。土壤水分过低或过高均会使叶片分化生长减慢。

(2)蕾薹期　田间水分达最大持水量的80%最为有利。随着气温升高和植株叶面积的迅速扩大，蒸腾作用增强。若田间水分不足，生长受到抑制，光合面积小，有机物积累少，导致主茎变短、叶片变小、幼蕾脱落等现象发生。

(3)花期　是油菜一生中对水分最敏感的时期，土壤水分达田间最大持水量的85%最为适宜。开花期空气相对湿度以70%～80%为宜，相对湿度低于60%或高于94%都不利于油菜开花，特别是上午9～11时的降水对结实的影响最大。

(4)角果发育成熟期　要求田间持水量不低于60%为宜。角果成熟期由于植株的衰老，蒸腾量明显减少，角果皮进行旺盛的光合作用。同时茎、叶、角果皮中的物质向角果大量运转，缺水会使秕粒增加、粒重和种子含油量降低。

2. 油菜旱害及防旱技术 土壤干旱缺水会严重影响油菜的出苗和全苗,幼苗正常生长发育受阻,以致不能培育壮苗;移栽的菜苗干旱缺水,则出现早晨叶片伸展不开,进而黄化脱落,严重影响到根系对矿质营养的吸收,不能进行正常的生长发育,形成弱苗,抗寒能力减弱。如根颈粗6毫米、苗高20厘米以下的菜苗,越冬期土壤5厘米处田间持水量小于45%~50%时,只要遇上-5℃~-8℃的低温,死苗率可达90%以上;而壮苗安全区越冬期5厘米土壤处的田间持水量为大于25%,弱苗为大于45%。所以有“冬水是油菜之命”的说法。蕾薹期缺水,生长受到抑制,光合面积小,有机物积累少,开花时间提早结束,花序短且早衰青枯,蕾角脱落增加,角果少且对以后的种子发育、油分积累不利;在角果发育期则要求田间持水量不低于60%为宜,这样有利于光合产物的形成、运转和积累。

油菜在播种前土壤墒情较差时,应浇底墒水。一般浇水时间应提前7~8天进行,灌水后及时耕耙整地。旱地要注意及时耙磨,蓄水保墒,力争足墒下种。长江流域的油菜苗期,特别是苗前期(冬至前),秋季干旱降水少,田间蒸发量大,常出现严重干旱,导致油菜幼苗生长缓慢,出现“老、小、弱、僵”苗现象,直接影响安全越冬。苗期水分管理应做到“浇水保苗、灌水发根、以水调肥、以水调温”,适时灌溉培育壮苗。具体来说,播种出苗期若遇干旱,整地时灌水整地,播种后浇施稀粪水,保证安全出苗和出全苗、出齐苗。移栽时和移栽后浇施稀薄粪水或尿素水,确保成活快。移栽苗开始生长或直播苗3叶期以后,引水沟灌促进根系生长,促进根系对养分的吸收。在冬季寒冷时,可在入冬前灌水提高土壤温度,缩小土壤昼夜温差,防止或减轻冻害死苗现象。

蕾薹期要结合施蕾薹肥进行浇水,水肥并用,促进油菜生长,搭好丰产架子。

花期灌水应根据土壤肥力和植株长势而定。若土壤肥力高,生长十分繁茂、田间郁闭严重,可推迟灌水或不灌,以水控肥;相反,植株长势差时,则应早灌多灌,以水促肥。一般开花期可灌水1~2次。角果发育期适宜的水分能提高粒重、保证品质,酌情灌水不能忽视。

3. 油菜渍害及排水技术

(1)油菜渍害及其特点　土壤水分过多或地面渍水对油菜的生长发育造成阻碍便形成渍害(或称湿害)。南方油菜产区前茬多为水稻,由于长期淹水,土壤理化性质较差,供肥能力较低,是稻茬油菜产量较低的重要原因。特别是由于长期的湿耕湿耙使犁底层上升,土壤通气透水能力变差,通气孔隙减少,影响土层水分的下渗和排除,使雨后土壤耕层渍水严重。

油菜渍害产生的主要原因:首先是根系密集层土壤含水量过大,使根系较长时间处于缺氧的不利环境之下,导致植株产生无氧呼吸,使植株在形态解剖、生理和代谢过程等方面产生变化,根系活力迅速衰退,对水分和无机物的吸收下降,造成生理干旱,使同化作用受阻,地上部生长发育不良,或严重脱水而引起凋萎或死亡。此外是土壤中氧气不足,会抑制好气性细菌活动,利于各种病菌的滋生,也恶化了土壤的理化性质。

在土壤持水量为40%左右的条件下,越冬期、薹期、花期和角果发育期的油菜都有明显的渍害症状产生,其中苗期和角果发育期对渍害最为敏感。发生渍害的油菜,叶色变淡,黄叶出现早而多。表土层须根多,支根白根少。植株生长弱,叶片或角果现紫色,严重者出现烂根而植株死亡。开花期若水分太多,再加上偏施氮肥,极易出现倒伏或贪青晚熟,有利于菌核病的发生和蔓延。

(2)油菜防渍与排水技术

一是选用耐湿性强的品种。在容易发生渍害、地下水位较高以及低洼地,应选用耐渍性较强的品种种植。

二是注意整地与开沟。在稻、油两熟地区,为保证油菜正常播种，对于排水不良的烂泥田，可在水稻收获前7～10天四周开沟排水；若残水难于排干，可采用高畦深沟栽培方式，这种方式有利于降低地下水位，促进根系发育和产量的提高。对土质黏重、田块面积较大以及排水不易的田块，应当提早开沟排水，并加深排水沟。整地时注意开好“三沟”（厢沟、腰沟、围沟）。一般板田、低垄田要深开沟，田块大、地势低的还要多开厢沟，陡岸田和塝田可单开背沟和中沟。一般排水不良的积水地区，往往地下水位也较高，因而在排水时要考虑综合措施，既要排除地表径流，又要降低地下水位。目前生产上推行的深沟高畦排水措施，效果很好。其做法是：在播前或移栽前结合其他管理措施开沟做畦，畦宽150厘米左右。一般沙质土透水性良好，可适当放宽厢面；黏重土透水性差，畦面可窄一些。在特别低洼和多雨地区，为使土壤易于干燥，可采用窄畦拱背的方式。沟的深度以畦沟26～33厘米、腰沟33厘米以上、围沟50厘米以上为宜。地下水位高的地块，围沟的深度应大于耕作层。

三是根据植株生育期与气候特点加强管理与排水。长江中下游常有秋旱，但在秋旱解除以后又常出现阴雨连绵的天气。长江中下游另一个气候特点是春季雨水多，低温寡照，土壤通气不良，不利于油菜根系发育。开花期与角果期雨水偏多则植株受渍早衰，影响产量品质。因此，应该在立春后雨季到来之前及时清理沟渠，防止雨后受渍。对排水沟深度不够或不畅通的，应及时加深理通，以降低田间湿度，防止渍涝灾害发生。在稻—稻—油菜三熟制的条件下，土壤排水不良，直播油菜的幼苗易发生猝倒病，影响全苗。田间湿度大的田块，油菜苗长势普遍较弱，有的出现僵苗、黄化苗、死苗现象，有的发芽率较低。移栽田排水不良或油菜移栽后遇持续阴雨天气造成叶片短小狭窄，茎基部叶片发黄，上部叶片的叶尖有时出现萎蔫现象，生长十分缓慢，严重时出现烂根死苗现象。对这类渍害型弱苗，首先应清沟沥水，降低地下水位。其次应结合中耕增施火土灰或腐熟的堆肥、厩肥，以提高地温，增强土壤的通气性、透水性。对湿度大、土壤黏重的田块还应撒施适量草木灰于厢面。

六、油菜对肥料的需求

（一）需肥特点

1.需肥规律　油菜营养生理的显著特点：一是对氮、磷、钾的需要量比水稻、大麦、小麦、大豆等作物多；二是对磷、硼的反应特别敏感，当土壤速效磷含量低于 5 毫克/千克时就会出现缺磷症状；三是根系能分泌大量的有机酸溶解土壤中难溶性磷，使土壤中有效磷的含量增加，可提高对磷的利用率；四是油菜自然归还率高，是"用、养"相结合、培肥地力的好茬口。

2.对氮、磷、钾的吸收量　油菜对氮、磷、钾的吸收量随品种特性、产量指标、施肥水平的不同有较大差异。甘蓝型油菜每生产 100 千克菜籽需吸收氮 8～11 千克、磷 3～4 千克、钾 8.5～12.8 千克，氮、磷、钾的比例大约是 1:0.4:1。

3.各生育期对氮、磷、钾的吸收　油菜在不同生育时期由于生育特点的不同，积累的干物质也不相同，所以吸收的氮、磷、钾的量也不相同（表 2-5）。

表 2-5　甘蓝型油菜各生育时期对氮、磷、钾的吸收　（%）

生育时期	干物重	氮(N)	磷(P_2O_5)	钾(K_2O)
苗　期	20	42～44	20～31	24～25
蕾薹期	21	33～46	22～65	54～66
开花结角期	59	10～25	4～58	9～22

由上表可以看出，油菜苗期历经时间 100 多天，积累干物重虽

只有20%,但吸收氮、磷、钾的量却较多;蕾薹期是吸肥最多的时期,也是吸肥强度最大的时期;开花结角期积累干物质最多,但对氮、磷、钾的吸收量却不多。

4. 硼素营养 油菜是需硼量较高的作物,也是对硼反应敏感的作物。据研究,不同生育时期地上部硼的积累过程是:苗期占全生育期的6%,蕾期占6.7%,花期占14.8%,角果发育成熟期占72.5%。说明油菜生殖器官生长阶段需硼较多。

(二)缺素症状

1. 缺氮症状 氮是油菜需求量最多的营养元素。氮肥不足,首先影响植物体的生长。随着缺氮程度的加深,油菜植株依次表现为叶片、茎秆绿色变淡,甚至呈现紫色,下部叶还可能出现叶缘枯焦状,部分叶片呈黄色或脱落;植株生长瘦弱,主茎矮小而纤细,分枝少而小,株型瘦小而松散;单株角果数减少,开花期缩短,终花期提前,种子小而轻。

2. 缺磷症状 油菜对磷的需求比氮少。油菜缺磷时叶片小,不能自然平展,呈灰绿色、暗蓝绿色到淡紫色,茎秆呈现灰绿色、蓝绿色、紫色或红色,开花推迟。严重缺磷时,叶片变窄、边缘坏死,老叶提早凋萎、脱落;茎秆纤细、分枝少,植株瘦长而直立。如果缺磷进一步发展,则植株矮小,花序不能正常发育。

3. 缺钾症状 油菜缺钾时幼苗呈匍匐状。叶片叶肉部分出现"烫伤状",叶面凹凸不平,导致叶片弯曲呈弓状,松脆易折,常常焦枯脱落;叶色变深呈深蓝绿色或紫色,边缘和叶尖出现"焦边"和淡褐色至暗褐色枯斑。茎枝细小、机械组织不发达、表面呈褐色条斑、易折断倒伏,直至整个植株枯萎、死亡。

4. 缺硫症状 油菜缺硫症状与缺氮症状有些相似,但缺硫较多出现在抽薹和开花期。缺硫时,叶片叶脉间失绿,而叶脉仍保持原来的绿色。缺硫对幼叶的影响最大。花色变淡,开花延续不断。

至成熟时植株上同时有成熟的和未成熟的角果，以及花和花蕾。角果尖端干瘪，种子发育不全，角果中只有几粒种子或种子空瘪。严重缺硫时植株矮小，只有正常大小的一半，茎变短并趋向木质化。

5. 缺镁症状　油菜缺镁并不常见。但缺镁时，最初在叶片上产生显而易见的褪绿斑点，后逐渐扩大到叶脉之间，变为橙色或红色。通常老叶首先表现出症状，后扩展到嫩叶。严重缺镁时，叶片枯萎而过早脱落。

6. 缺钙症状　油菜缺钙时，叶缘呈枯褐色，叶缘和脉间组织坏死，生长点或嫩叶变形死亡。

7. 微量元素缺乏症

(1)缺硼症状　油菜对缺硼比较敏感，在缺硼土壤上尤为显著。早期缺硼时，油菜植株矮化。叶片皱缩、变小、呈暗绿色，有时叶柄开裂。轻度缺硼时，植株看不出矮化，但花序发育受阻，结实很差。花序顶端干枯，最后几朵枯萎花的花瓣残留在花序上。枯死部位以下可能残留一些未成熟的秕果，即出现所谓“蕾而不花”或“花而不实”的现象。

(2)缺铜症状　大田油菜很少缺铜，但在沙土和有机质含量高的白垩土以及某些泥炭土上，油菜可能会表现出叶片缺绿或叶片边缘发白的缺铜症状。

(3)缺铁症状　大田油菜一般不缺铁。但在高度石灰性土壤上，油菜缺铁可能会出现叶片失绿的现象。

(4)缺锰症状　油菜对缺锰比较敏感。缺锰时，油菜生长和形成分枝受到影响，严重时开花也受到抑制。缺锰症状首先表现在新出的叶片上。叶脉间出现失绿斑点，斑点的数目和大小增多增大，直到除叶脉及其附近仍为绿色外，其余部分都变黄。随后症状扩展到老叶，出现坏死斑点。

(5)缺钼症状　油菜缺钼很少见。但缺钼时，油菜叶片变狭，中肋增厚。

(6)缺锌症状　油菜尚无缺锌报道。但施用(叶面或土壤)硫酸锌可以增加油菜分枝、角果数,提高产量。

思考题

1. 你所在的省属于哪个栽培区?种植制度有何特点?适合发展哪种类型的油菜?

2. 油菜有哪些分类方法?

3. 优质油菜有哪些指标要求?

4. 如何进行油菜的保优栽培?

5. 油菜生长发育可以划分为几个时期?各个时期对环境条件的要求有何异同?

6. 试述油菜的温光反应特点及其应用。

7. 油菜的需水特点及防旱防渍措施有哪些?

8. 油菜有什么需肥特点?

第三章 油菜栽培技术

一、优良品种的选用

(一)品种的选用原则

在市场上流通的油菜品种种类繁多,各品种的生长发育特点均不相同,而且一个作物品种均有一定的适应性,在其他地区表现好的品种在本地区则不一定同样表现好。因此,要认真选择适宜当地的品种进行种植。

一是选择通过审定的品种。即选用的品种必须经过国家或省级农作物品种审定委员会审定的品种,这样的品种一般都抗性好,产量稳定,风险性小。

二是选择适合当地种植的高产优质油菜品种。我国政府要求大面积推广的油菜品种首先要达到双低的质量标准,其次必须高产。种植外地的新品种要先进行引种试验,对所选择的新品种一定要搞清楚该品种的特征特性和栽培技术要求。

三是选择抗逆性强的品种。品种的抗逆性包括抗病性、抗旱性、抗倒伏性、耐涝性、温光性等很多方面。

四是合理选择适合不同生态条件及栽培方式的品种。油菜有不同的栽培季节及栽培方式。应根据冬油菜、春油菜、早播、晚播等不同播种季节、时间选择适宜温光反应特性或生育期长短的品种,或直播、移栽、免耕栽培、套播套栽等不同栽培方式的品种。

五是因地势、土质、肥力选择品种。同一品种在不同地势、不同土质、不同肥力的地块栽培,其产量是有很大差异的。要注意因地选种。

(二)品种选择应考虑的因素

选择品种时应综合考虑不同因素,包括市场、产量、气候、病虫害发生规律以及收获方式等。

1. 产量 某品种的产量越高,则农户就有可能获得更高的经济效益。但不同油菜品种在相同地区和栽培管理条件下,其产量高低有所不同;相同品种在不同的地区或栽培管理条件下,其产量高低也有所不同。往往温度、光照、水分、土壤等环境条件以及播种时间、种植密度、肥力、病虫草害等栽培因素比品种本身的遗传差异更能影响品种的产量。因此,在选择品种时应选择那些能适应当地栽培特点且多年产量表现稳定的品种。从多年油菜生产看,杂交种杂交优势明显,抗性强,产量高;常规种稳产风险小,但增产潜力相对较小。

2. 农业生态区 农业气候在不同地区间存在差异,相同油菜品种在不同地区的产量表现并不相同。某一品种有其最适宜的农业气候区。农户应根据品种介绍选择品种,保证所选品种要适合当地的生长气候条件、栽培管理措施及耕作制度。沿淮及淮北地区可选用冬性或偏冬性型油菜品种,江淮地区可选用半冬性型品种,沿江及江南地区宜选用偏春性型品种。长江上游地区可从油研、蓉油以及渝黄等双低优质品种中选用生育期适宜的品种。中游地区可选用华油杂、中油杂、湘杂油、中双、华双、湘油等系列品种。下游地区可选用扬油 6 号、宁油 14 号、苏油 1 号、浙双 72 等品种。在青海、甘肃、新疆等地一般选用春性油菜品种在春季播种。

3. 霜冻或干旱的影响 冬季和春季的霜冻及干旱均会对油菜产生伤害。因此在霜冻或干旱等自然灾害发生较重的地区应选择抗冻或抗旱性强的品种进行种植,从而可在一定程度上减少或避免灾害的影响。

4. 倒伏　在一般条件下，油菜植株高度在75～175厘米之间。在灌溉区、降水期和较冷地区，油菜植株容易长得更高，同时也增加了倒伏的危险。在这种条件下，应当考虑所选择的品种具有较高的抗倒伏性。

5. 耕作制度及熟期茬口　油菜具有很好的轮作性，它可以提高土壤肥力、改善土壤结构以及控制病虫草害，且合理轮作也是防治油菜菌核病、霜霉病、白锈病、猝倒病的主要措施之一。但进行轮作时，要考虑所选油菜品种在本地区的成熟期，否则将会影响下一季作物的种植。在长江流域三熟制地区，要求种植能迟播早收的半冬性品种；而二熟制地区可采用苗期生长慢的冬性品种。这样既可满足这些地区的茬口要求，又能充分利用生长季节，最大限度地做到油菜丰产、季季丰产。

6. 病虫害　在病虫害大量发生的地区或年份，或根据本地区的主要病虫害，因地制宜选用甘蓝型杂交抗病、虫良种，这是最经济有效的防治措施。

选用本地区适宜的油菜品种要综合考虑以上因素，这也使农户在选择品种时往往比较困难。因此，农户可以选用当地农业局公告的主导品种，或选择自己周围农户种过的好品种。当然，农户自己也可以对新品种进行少量试验种植，翌年再作选择。有条件的地方可以登陆相关权威网站查阅相关品种的特性及适宜区域。一般农户以选择当地农业部门的主推品种比较保险，也可到当地农技推广部门或种子管理部门咨询。2007年湖北省主推油菜品种是：中油杂2号、华油杂6号、华油杂9号、中油杂11号、中油杂12号、中油杂8号、华油杂12号、中双9号。

（三）品种的引种

一个地区要引入新的油菜品种进行种植，首先应该考虑该品种是否适应当地的自然气候条件,其依据是被引进品种的温光反应特性。

如将冬性—弱感光性的油菜(我国北方冬性强的冬油菜)引到南方种植,就会因不能满足其对低温的要求,使其发育缓慢,成熟期明显推迟,在海南和广东省甚至不能抽薹开花。而将西南地区春性强的冬油菜品种向北或向东引种时,其发育明显加快,若秋播过早易产生早薹早花现象,加之其抗寒能力差,会导致严重冻害发生。加拿大和欧洲的甘蓝型春油菜品种引入我国长江流域秋播时,生长发育慢,生育期较长,就是由于这些品种的感光性较强所致。一般情况下,在我国冬油菜主产区的长江中下游地区种植的中熟品种可相互引种。而华南、西南、西北各地春性较强的品种,不宜引入长江中下游地区种植。西南地区半冬性品种可引入长江中游栽培。西南地区春性品种可引入华南各地栽培。

1. 引种程序 引进外地品种,先要进行试验、示范鉴定,证明确实具有生产价值后才能推广。引种程序如下。

(1)生育期鉴定 是否适应当地栽培制度要求。

(2)抗逆性鉴定 抗寒、抗病、抗倒伏、抗旱、耐湿等特性是否比当地推广品种抗逆性强,能否克服当地推广品种的突出缺点。

(3)经济性状鉴定 产量和质量是否超过或接近当地推广品种,引进品种的优良性状是否保持不变。

(4)掌握引进品种生长发育特性 在试验、示范过程中,要掌握引进品种的特性,采取相应栽培措施,做到良种良法配套,否则即使优良品种,又适宜当地气候及栽培条件,但栽培管理不当也不能获得高产。

(5)引种试验 第一年进行观察试验,一般不设重复。第二年在观察试验基础上,选择优良品种进行品比试验,设置重复,并以当地推广品种为对照,对特别优良的品种可以进行隔离繁殖。第三年进行区域试验和多点示范,在区域试验和多点示范中表现优良、并通过审定后方可扩大繁殖，予以推广。

2. 引种的注意事项　1980年以来，我国先后从欧洲以及加拿大和澳大利亚等国引进了优质油菜品种。油菜的品种类型多，资源丰富，地区之间的气候和栽培条件有很大差异，在引种时应全面考虑。

(1)品种适应性　一般白菜型品种抗病性差，但适应性广；甘蓝型油菜中晚熟品种的抗逆性强，适应性广，如中油821。

(2)南方与北方地区不宜进行相互引种　南方冬油菜品种春性强，发育快，向北引种秋播，冬前早薹早花，抗寒性差。相反，北方冬油菜品种冬性强，生长发育慢，向南方引种秋播，表现迟熟或不抽薹开花，抗寒性强。

(3)长江流域引种应掌握品种特性　长江上、中、下游是3个不同的生态栽培区域，自然气候条件差异较大。长江上游区的油菜品种，一般叶色淡、叶面积大，苗期半直立或直立，生长快，冬前容易抽薹现蕾，抗寒性弱，生育期短。相反，长江下游区油菜品种一般叶色深绿，叶面积小，苗期匍匐，生长慢，冬前不易抽薹现蕾，抗寒性强。因此这两个生态区相互引种不易成功。长江中游区的油菜品种介于二者之间，可以从长江上游区或长江下游区引种。但长江下游区的中迟熟油菜品种向黄淮流域、华北地区及陕西省关中地区引种，适应性较好。长江上游区的早熟品种引到华南沿海较为适宜。

(4)春油菜区之间可以互相引种　加拿大和欧洲各国育成的优质春性油菜品种，可以在我国青海、新疆、黑龙江以及甘肃、内蒙古等春油菜区直接种植。青海省原产的白菜型小油菜和甘蓝型品种，可以直接引种到我国东北各地种植。但引种到长江流域各地表现早薹早花，抗寒性弱，病害重，产量低。

(5)春油菜区和冬油菜区不宜相互引种　欧洲冬油菜晚熟品种引种到我国冬油菜地区，一般叶色深绿，匍匐生长，表现迟熟，成熟期表现高温逼熟,产量不高,含油量低。日本冬油菜中熟和中晚熟品种引种我国冬油菜区栽培,适应性较好。

(四)原种生产

优质油菜种子生产采取三级供繁生产体系,做到集中隔离繁种,统一供种。原原种由育种单位负责生产提供;原种由省或地区种子部门在油菜原种场或基地组织生产,统一提供;合格种子(大田生产用种)由县种子部门组织有条件的生产单位集中繁殖,统一技术管理。生产出的优质油菜种子必须经净化分级后,交检测单位鉴定种子纯度、含水量、含油量、芥酸和硫苷含量及发芽率等。凡达不到规定标准的种子一律不得销售,合格的种子也应由种子经营部门统一向农民提供,农民自已不得自发生产种子和留种。原种和大田用种生产者必须经过技术培训,考核合格获得许可证后才能进行种子生产。在种子价格上,应体现优质优价,提高种子生产者的积极性和保证种子质量。只有建立健全种子生产体系,才能实现优质油菜种子产业化,生产出合格的种子。制种应抓好以下环节。

1. 选择优良的亲本是关键 制种用的亲本要符合国家标准。

2. 制种基地的选择 繁种田要求 3~5 年未种过油菜或其他十字花科作物。油菜多是常异花授粉作物,在制种过程中易出现串粉,影响制种质量,所以对杂交油菜制种基地要求比较严格。除了有良好的空间隔离(1 000 米以上)条件外,还要求气候适宜、排灌方便、水肥充足等因素。事先应到基地仔细考察周围环境、水肥基础,发现不符合标准的地块要加以改良。

3. 制种种植技术

(1)播期选择 制种前应先到当地有关气象部门咨询或对天气做一个预测、预报,选择一个最佳播期,确保苗匀、苗齐、苗壮。有些制种单位因时间、墒情把握不好,播种后遇到高温干旱,发生出苗缓慢等现象，使出苗率降低、不整齐，甚至严重缺苗，给花期调节工作带来困难，严重影响制种的纯度与产量。

(2)密度适中，父母本比例要适当　移栽或直播应能做到拉线定植株距。使行株距一致，个体之间长势均匀，做到行与行之间花期一致，块与块之间没有差别。有个别制种户认为留父本可增加花粉，提高结角率。因此造成父本密度过大，生长空间不足，影响花器发育，导致花粉不足或早衰，使花期失调，从而影响制种的质量与产量。

(3)合理运筹肥水　移栽或直播前，土壤肥力要匀足，确保长势一致，花期相遇。若一亲本的花期早于另一亲本时，可提前对花期较早的亲本适量增施氮肥，以促进其营养生长，使花期推迟，保证花期相遇。

(4)花期协调　可通过对花期较早的亲本适期晚播，或适时化控，或人为除柱头等措施来协调花期。

(5)田间去除杂、异株　从苗期就应安排专门技术人员到制种田驻点，组织去杂人员，并与当地技术人员一起深入田间，仔细观察记载，根据父母本的特征特性，在每一个关键时期，多次拔除杂株、变异株、可疑株。父本在终花期10天后将其提前全部拔除、运走；或在母本收获前收割，并仔细检查清理2～3遍残余父本，确保油菜种子纯度。

4. 收获、收购环节　要求制种户对收获的种子做到单收、单晒、单贮藏。收购时要对制种户进行编号，每户都要取样封存，通过田间种植鉴定纯度。包装物要附内外标签及来源批次。

5. 加工、包装环节　对加工包装车间事先一定要对其设备、场所进行彻底清理，确保无其他品种，严禁人为混杂。同时质检部门对每批种子提前检验，确保种子质量符合国家标准，严禁错检和漏检。

二、播前准备

(一)轮作倒茬

油菜多数病害(如菌核病、霜霉病等)的病原菌,在土壤、病株残体中越夏,油菜连作会加重这些病害的危害程度。据调查,水稻和油菜轮作的田块每667平方米菌核病的菌核残留量只有400粒左右;而旱地连作油菜田,每667平方米高达3万~5.4万粒,相差100倍左右。表3-1说明轮作方式及年限对油菜黑脚病的控制作用是很明显的。

表3-1 双低油菜田与不同作物轮作及轮作年限对油菜黑脚病的控制作用

轮作方式	黑脚病发病率(%)
休耕—双低油菜籽	43.5
休耕—双低油菜籽—小麦	9.5
休耕—双低油菜籽—大麦	9.0
休耕—双低油菜籽—大麦—干草	8.0
休耕—双低油菜籽—小麦—大麦—干草—干草	4.0

另外,油菜连作还会造成对土壤养分的吸收利用单一、土壤理化性状变差、田间杂草危害程度加重等不良后果。因此实行轮作换茬、水旱轮作,才能保证油菜的持续生产。

1. 冬油菜种植制度与轮作方式

(1)一年三熟制

①双季稻、油菜三熟制:早稻—晚稻—油菜一年三熟种植制度季节矛盾突出,油菜只能育苗移栽。此外,三季作物的品种选择十分重要,早稻、晚稻、油菜都选用中熟品种较为合适,可保证三季作

物都获得高产。

②一水二旱三熟制：如早稻—秋大豆—油菜；早稻—秋季绿肥—油菜等。

(2)一年二熟制

①水稻、油菜二熟制：包括中稻—油菜二熟制和一季晚稻—油菜二熟制。前者可实行油菜直播；后者由于季节矛盾，油菜要采取育苗移栽。

②旱作(棉花、玉米、高粱、烟草等)、油菜二熟制：如油菜—夏玉米；油菜—棉花等。油菜可移栽或直播于前作物的行间，但要在前作物宽行内种植，以保证油菜苗的正常生长。

2. 春油菜的种植制度与轮作方式

(1)一年一熟制　春油菜与青稞、春小麦轮作，2～3年或4～5年轮作1次。

(2)一年二熟制　春油菜—玉米(大豆、谷子、高粱、马铃薯等)。

(二)整地、施基肥

整地的目的在于改善和调节土壤水、肥、气、热等因素的状况，为根系生长发育创造良好的环境条件。油菜种子较小，所以整地要求精细、平整，耕层深厚、上虚下实，以利于种子发芽出苗。同时不同类型、不同用途的田块其耕整的要求有所不同。

1. 水稻田的耕整　水稻田由于长期处于淹水状态，土壤板结，透水透气性差，土壤温度低，微生物活动弱，整地难度较大。在双季晚稻收获前15天左右要开沟排水、晒田，晚稻收割后立即翻耕碎土。如中稻茬晒田过白，在耕地前灌1次"跑马水"(如采用机械耕整则不需灌水)，然后翻耕、细整、细耙。稻田整地力求做到沟深、土细、田平、厢匀，并开好厢沟、腰沟、围沟、排水沟，以利灌溉排水。

2. 旱作田块的耕整 前作物收获后,要根据土壤墒情及时翻耕晒垡,耙细耕平,使土壤疏松细碎。土块大的应多耙几次,直到表土细碎为止。如果整地时天旱墒情不好,最好先灌水后整地。墒情适宜时及时翻耕整地播种,抢墒出苗,这样比播后灌水或浇水要好得多。因为播后灌水或浇水往往使土层板结,不易出苗整齐,甚至死苗缺棵。

3. 苗床地准备 苗床是培育壮苗的基地,要舍得用苗床地,才能育好壮苗或大壮苗。生产上有"三舍得"的经验,即舍得用好地(田)做苗床,舍得扩大苗床面积,舍得用劳力精细管理。湖北农民说:"会种田的种一丘,不会种田的种一畈"。苗床与大田的比例以1∶5较为合理。苗床地选用花生、芝麻或早黄豆地比较理想。有的农民说:"若要富得快,芝麻、花生加油菜"。这既说明3种作物经济价值较高,也说明这样的茬口较好。

苗床地耕整的要求是:翻地不必过深,土壤必须细碎,厢面必须平整。如果用稻田做苗床,应在稻穗结实撒籽前开沟排水,落土晒田,降低土壤湿度。

苗床规格应根据地势、土质、排灌条件以及便于管理等具体情况决定。地势较低或土质黏重的苗床,必须做成高床(厢),厢面宽1~1.5米,厢沟宽0.25米,沟深0.15~0.25米,便于排水。另外要施足基肥,基肥每667平方米要求施入腐熟的农家肥2 500千克、硼砂0.5千克和过磷酸钙20~30千克,肥力不足的可加施尿素1.5千克作为面肥(即在苗期撒施于苗床表面)。

4. 直播地准备 直播油菜根系发达,主根粗长,根系入土较深,因而抗旱、耐瘠,不易倒伏,抗寒性也较好。但大田整地质量要求较高,否则不易实现全苗、齐苗、壮苗,从而影响产量。直播地厢宽一般为2~3米,厢沟宽0.2米、深0.2米,并要开好腰沟、围沟、排水沟,做到"四沟"配套,沟沟相通。另外还要施足基肥,以有机肥为主,配合施用磷肥、硼肥。

(三)种子的选用与处理

好种出好苗,种子质量的好坏与幼苗的健壮与否密切相关。一般来说,饱满均匀、生命力强的种子长出的幼苗也健壮整齐;不好的种子播种后不但出苗不齐,而且幼苗的质量较差。因此播种前对种子进行一定的处理、提高种子质量非常重要。

种子的粒型、粒色。一般情况下,杂交油菜种子由于制种时授粉受精不一致,常导致粒型大小不匀,粒色深浅不一;常规种子籽粒相对较大、整齐,色泽一致。如果杂交种子过分整齐一致,常规种子饱满程度不好,则种子质量也应该怀疑。种子的选用和处理如下。

1. 晒种 播种前将种子放在太阳下摊晒 2~3 天,可以促使种子后熟,提高种子的生活力;也可以降低种子的含水量,增强播种后的吸水能力,增加发芽势和发芽率;同时,太阳光中的紫外线还可以杀死种子表面的细菌,进而减轻苗床病害。但必须注意,不能把种子直接放在水泥地上晒,以免温度过高烧伤种子。

2. 风选和筛选 利用风选种子,可除去泥灰、杂物、残留草屑和不饱满种子,提高种子的净度和质量;应用筛选种子,可除去生活力差的细籽粒,提高种子的整齐度。

3. 盐水或泥水选种 用 10%食盐水或比重为 1.05~1.08 的泥水进行选种。

4. 药剂拌种 播种前,用杀菌剂浸种可以有效杀灭种子表面所带病菌,有利于培育健壮幼苗。

三、播种技术

(一)适期播种的重要性

适时播种是夺取油菜高产的一项重要措施。在一定的气候条件、耕作制度和品种特性前提下,适期播种可以调节油菜的生育期及其与外界环境的关系,使油菜在生长季节内在温度、光照和水分等方面能得到充分的满足,同时避过或减轻寒、热、旱、涝和病虫害等逆境的影响,从而促进油菜发芽迅速、苗全苗齐、冬前健旺、壮苗越冬、春发稳长、保证稳产增收。如播种较迟,最终导致产量下降。

各地油菜适宜播种期的范围是有限的。如果播种过早,由于温度太高,生长旺盛,不利于培育壮苗,且年前抽薹开花,抗逆能力减弱,易发生冻害,病虫害严重,导致年后早衰,产量降低;如果播种过迟,气温下降,生长缓慢,不能壮苗越冬,油菜的生育期相应缩短,各生育时期后延,年后发棵差,主茎总叶数、一次分枝数、每株角果数和每角种子粒数都相应减少,也不能高产。

在播种期的安排上,由于春性强的品种早播后会早薹早花,易遭受冻害,因此应该依据品种的温光反应特性结合当地的气候特点,做到适当迟播;而冬性强的品种则应适时早播,延长其生育期,促进其营养生长旺盛,以利于搭好丰产架子。在栽培管理中也可利用品种的温光反应特性,及时搞好各项栽培管理措施,做到不误农时。比如春性品种发育快,各项田间管理措施应适当提前进行,以免造成营养生长不足而产量不高。

(二)适宜播种时间的确定

1. 确定适宜播种期应考虑的因素 油菜对播种期十分敏感,它影响到油菜的生长发育、苗龄长短和移栽迟早等,从而进一步影响产量。油菜适宜播种期确定,一般应考虑以下因素。

(1)气候条件　冬油菜应充分利用冬前较高温度,进行足够的营养生长,形成壮苗越冬。其适宜的播种期,一般在旬平均气温20℃左右为宜。秋季气温下降早、降温快的地区和高寒山区应适当早播,秋雨多和秋旱严重的地区应抓住时机及时播种。

(2)种植制度　根据茬口情况安排适宜的播种期,同时考虑移栽油菜的苗龄及移栽期,与前作顺利连接,避免形成老化苗、高脚苗。

(3)品种特性　春性强的品种应适当晚播。冬性和半冬性品种适当早播可充分利用季节,营养期增长,有利于发挥品种的潜力争取高产。

(4)病虫害情况　在病虫害严重地区,可以通过调整播种期避开或减轻病虫害。一般病毒病、菌核病与播种期关系密切,在发病严重地区,应适当迟播。早播的油菜,由于气温相对较高,病害和虫害较迟播的为重。特别是病毒病与播种期关系最为密切,其趋势是早播的病重,迟播的无病或病轻,差别十分明显。病毒的感染又与蚜虫为害程度有关。甘蓝型品种较能抗病,可以适当早播;白菜型抗病力弱,宜偏迟播。

2. 我国不同地区油菜播种时间　我国油菜种植面积大,分布广,自然条件复杂,耕作制度多种多样。油菜类型、品种繁多,它们对生长条件的要求又很不一致,所以油菜适宜的播种期变幅较大(表3-2)。

表3-2　我国冬油菜产区甘蓝型品种的适宜播种期

产　区	育苗移栽	直　播
长江下游区	迟熟品种9月中旬 早熟品种9月下旬至10月上旬	10月上中旬
长江中游区	9月中旬(早熟品种9月下旬)	10月上中旬

续表 3-2

产　区	育苗移栽	直　播
云贵高原区	9月中下旬	9月下旬至10月上旬
四川盆地区	9月中下旬(汉中盆地可提前到9月上旬)	10月中旬
华北、关中区	关中平原8月上旬至9月上旬 华北平原9月上中旬	关中平原8月下旬至9月上旬 华北平原9月中下旬
华南沿海区	10月中旬至下旬	10月中下旬

(三)合理密植

合理密植是提高单位面积产量的有效措施。所谓合理密植就是合理安排单位面积土地上的植株数及其配置方式(种植规格),使个体与群体协调生长,建立合理的动态群体结构,充分利用光能和地力,积累更多的有机物质,从而在单位面积上获得高产。

1. 影响油菜种植密度的因素

(1)土壤肥力和施肥水平　土壤肥沃疏松、土层深厚,或者施肥水平较高,植株长势旺盛,枝叶繁茂,种植密度宜小一些;反之,土壤瘠薄、质地黏重,或施肥水平较低的情况下,植株生长受到一定限制,种植密度宜大一些,做到以密补瘠。

(2)播种期　早播早栽的油菜,苗期气温较高,生长快,植株较大,因此种植密度宜小一些;相反,迟播迟栽的油菜密度宜适当大一些,做到以密补迟。

(3)品种特性　不同品种生育期长短不同,株型大小各异,种植密度也有区别。植株高大、分枝多而部位低、叶片大、株型松散的品种,种植密度宜小一些;反过来,植株矮小、分枝少而部位高、叶片小、株型紧凑的品种,种植密度宜大一些。

(4)气候条件　冬季较温暖的地区,油菜生长旺盛,植株较大,种植密度宜小一些;冬季较寒冷、干旱较重的地区,油菜生长缓慢,植株较小,种植密度可适当大一些。

2. 适宜种植密度和方式

(1)种植密度　油菜合理密植的适宜范围不是一成不变的,而是根据时间、空间的不同和自然、社会条件的不同而发生变化。在目前生产水平条件下,我国冬油菜产区适宜的密度范围大致可参考表3-3。

表3-3　我国冬油菜产区适宜密度范围

产　区	耕作制度	密度范围(万株/667平方米)
云贵高原亚区	一年二熟制	云南:甘蓝型直播2.0~2.5,移栽1.2~1.8;芥菜型直播2.5~3.0 贵州:甘蓝型1.0~1.8(瘦地),0.8~1.2(肥地);芥菜型1.2~1.5;白菜型1.5~2.0
四川盆地亚区	一年二熟制为主部分一年三熟	四川:移栽0.8~1.2,直播平坝1.0~1.5,山区1.2~2.0 汉中:中上等地1.2~1.5,中下等地1.5~2.0
长江中游亚区	一年二熟制 一年三熟制	甘蓝型:肥地1.0~1.2,中等地1.3~1.8,山区2.0~2.5 白菜型:2.0~3.0
长江下游亚区	一年三熟制	江苏:移栽1.0~1.5,直播2.0~2.5 安徽:1.2~2.0 浙江:0.8~1.5

(2)种植方式　密度确定之后,还要考虑行、株距的合理搭配。行、株距合理搭配的原则是:既能扩大叶面积,充分利用光能和地力,又能减少荫蔽,改善通风透光条件,并便于田间操作管理,达到个体和群体协调发展,获得高产的目的。目前主要有如下几种种植方式。

①正方形种植:行距和株距相等,或株距稍小于行距。一般在密度较低的情况下采用,植株受光均匀,分枝部位低,各个方向的分枝大小较一致,单株的分枝数和角果数较多。

②宽行密株:行距较宽,株距缩小。在密度较大的情况下,这种方式既保证了较高的密度,又发挥了宽行通风透光的优点,便于田间管理。推迟封行期,减少荫蔽,改善通风透光条件,增产显著。

③宽窄行:这种方式采用宽行与窄行相间种植,由于调整了行距,在密度较高的情况下,比宽行密株更有利于协调个体与群体的关系,更有利于田间管理,有利于后季作物适时套作,解决前作后作的季节矛盾,增产显著。

④穴植:在土壤黏重潮湿、整地困难的水稻田,以及土质条件差的山区、丘陵坡地,干旱严重的地区,条播条栽较困难,采用穴植则简便易行,有利于集中施肥、抗旱播种,易于管理,利于全苗壮苗。穴植的行距、穴距及每穴株数,应根据密度高低、种植制度等决定。密度较低时,多采用行、穴距相等正方形形式;密度较高时,采用宽行密穴或宽窄行形式。密度较低时,每穴单株较双株有利;但密度较高时,每穴双株或3株比单株显著增产。

(四)选择合理播种方式

1. 直播　直播油菜的特点是:①根系发达。直播油菜主根粗长,根系入土深,植株根颈粗度、根系数目和根系总长度都显著好于移栽油菜,这有利于油菜植株吸收土壤深层的水分和养料,因而抗旱、耐瘠、抗倒伏能力强,能较好地避免因土壤冻结造成根拔倒苗现象。②抗逆能力强。在干旱、瘦瘠或低温地区,特别是在土壤黏重的田块,直播油菜较移栽油菜更具优越性。其根系与土壤接触良好,成活率高,可提早后期的生长发育。此外,直播油菜的播种期较晚,在一定程度上错过了油菜病毒病与菌核病的主要感染期,又由于其根颈离土面较高,受病菌侵染的机会降低,能减轻病害。③直播油菜省工省时。省去了移栽环节,且用工分散,便于其他作业和农事安排。

2. 育苗移栽　油菜育苗移栽可以适时早播,有利于培育壮苗。壮苗是油菜高产的基础,壮苗积累的干物质多,移栽后新根发生早、成活快,生长势强,根多叶茂,光合作用旺盛,吸收肥水能力强,抗逆性强;油菜移栽时去掉弱苗、杂株,并能做到均匀移栽,保证密度,有利于获得高产;移栽油菜能较好地解决季节与茬口矛盾,特别是油—稻—稻三熟制和油棉二熟制地区,避免前作收获迟,造成晚播、弱苗、生长量不足而引起减产。因此育苗移栽是我国南方油菜产区油菜高产稳产的一项关键措施。

3. 板茬播种或移栽　又称油菜免耕栽培、板茬栽培。指在前作收获后移栽季节已到,为了不误农时,不经过整地直接栽种油菜,如稻田板播板栽。板茬栽培的优点如下:①土壤水、肥、气、热等条件较为协调。免耕的特点之一是没有破坏耕作层结构,避免过湿耕作造成僵土板结;免耕未切断土壤毛细管,耕作层墒情较好;免耕田地表水易随地表径流排除,避免在犁底层产生渍水层;表土前作残存肥料较多,肥力较高。因此,免耕对水田油菜苗期生长有利。②有利于适时早栽。油菜栽期已到,前作尚未收获或尚未收净,或常因秋雨连绵、整地困难或整地迟而耕作粗放,免耕一般比整地移栽油菜提早 10～15 天。③能保证移栽质量。免耕田较平整,免耕穴栽的破土口径小(6～7 厘米),密度容易保证,可提高移栽质量。移栽时使用肥土压根,肥料集中,一个穴相当于一个营养钵,栽后返青快,有利于发根长叶,实现秋发增产。④有利于壮苗秋、冬发,增加产量。免耕栽培与耕翻栽培比较,免耕栽培的油菜越冬期的单株绿叶数多,盘径增大,单株鲜重增加,叶面积指数提高,有利于提高单株一次有效分枝数、角果数和产量。⑤有利于抗灾夺丰收。在秋雨多或秋旱年份,免耕移栽是抗灾夺丰收的有效措施。此外,免耕移栽具有省工、省耕翻整地成本、保持水土、保护环境等优点。

(五)育苗技术

1. 壮苗的特点 壮苗是相对的,由于耕作制度、自然条件、品种类型、移栽时期和生产水平的不同,对壮苗的要求也不一样。但一般来说,油菜壮苗具有一定的形态特征、生理特性和解剖结构特点。壮苗的外部形态特征是:①根颈粗短,株型矮健紧凑,无高脚苗、弯脚苗;②绿叶数多,叶密集着生,叶片大而厚,叶色正常,叶柄粗短;③根系发达,主根粗壮,支根、细根多,幼嫩新根多;④无病虫害,无畸形苗;⑤具有本品种固有的特征。

具体来说,甘蓝型油菜在移栽时(10月中下旬),要求达到"三个六"或"三个七":绿叶6~7片,苗高6~7寸(20~23厘米),根颈粗6~7毫米。如果移栽时期较晚(11月上旬)则要求达到"三个八"。如果茬口允许,正常时实行中苗(4~5叶)早栽效果也较理想。

2. 苗床育苗技术

(1)选好地块,留足苗床 油菜苗床应选择没有种过大白菜等十字花科作物、土壤肥沃、质地带沙性、地势较高、排灌方便的地块。苗床面积与大田的比例按1:5留足。

(2)精细整地,施足基肥 结合整地应施足基肥。应以有机肥为主,配合施用氮、磷、钾肥,可每667平方米施入土杂肥2 000~2 500千克,加过磷酸钙20~30千克、草木灰100~150千克、硼砂0.5千克。肥力不足的可加施尿素1.5千克,撒施于苗床表面。

(3)控制播量,匀播浅盖 油菜的播种量应根据种子发芽率、苗床的土壤墒情综合考虑。按前面壮苗要求,一般每667平方米留苗只需8万~10万株。如按出苗率80%计算,每667平方米苗床播种0.5千克种子就足够了。

由于油菜种子很小,要做到稀播匀播,就必须分厢称量种子,与细土或渣肥混匀后分厢播种。种子播完后应及时用铁齿耙浅耙厢面,细土浅盖种子。如果雨前播种则无需盖籽。

(4)苗床管理抓好“四关”　油菜出苗后5叶以前幼苗生长缓慢,5叶以后生长迅速。因此苗床管理要采取“促—控—促”的原则。从播种到3~4叶期,要精细管理,促整齐出苗、健壮生长;5叶后要炼苗,防止地上部徒长,从而促进地下部生长;移栽前1周,如果幼苗发红,要浇水施肥,促使幼苗健壮。具体来说要抓好如下“四关”。

①早间苗、定苗:间苗要做到“五去五留”:去弱苗留壮苗,去小苗留大苗,去杂苗留纯苗,去病苗留健苗,去密苗留匀苗。一般苗床间苗2~3次:齐苗时1次,间去丛生弱苗;第一片真叶时1次,要求叶不搭叶,苗不挨苗。3叶时定苗。

②适时浇水:秋旱常常发生,要立足浇水育苗。

③早施肥,早治虫:2~3叶后如果叶色转黄甚至发红,应立即追肥,以追施腐熟的人粪尿为主(也可起到浇水的作用)。5叶后要控制肥水,以培育壮苗移栽。油菜苗期主要害虫有蚜虫、菜青虫、黄曲条跳甲、菜蛾幼虫等,要分别情况及时控制。

④3叶期喷施多效唑或烯效唑:油菜幼苗3叶期喷施多效唑能促使油菜壮根、增叶、茎脚变矮,即控上促下,有效地培育出矮壮苗。最佳的喷施时期是在幼苗3叶期。有效浓度多效唑为150×10^{-6},烯效唑为30×10^{-6}。即每667平方米苗床用有效含量15%多效唑50克或有效含量5%烯效唑20克,对水50升,均匀地喷施在幼苗叶片上。切勿重复喷施,防止控制过头。

3. 直播育苗技术　要充分发挥直播油菜的优势。获得直播油菜的高产,应注意抓好如下技术措施。

(1)适期播种,增大密度　播种时期一般是比育苗移栽的播种时间晚7~10天。种植密度比育苗移栽田密度多30%左右。

(2)精细整地,施足基肥　油菜种子小,如果落入土垡空隙则不易发芽,即使能够发芽也会因为根颈伸长过多而消耗大量养分,导致幼苗弱小,生长很差。所以要按高标准精细整地。同时要施足以有机肥为主的基肥。

(3)根据实际情况正确选用播种方法　目前的播种方法有以下3种。

①撒播:用种量大,出苗多,苗不匀,间苗、定苗工作量大,管理不方便,因而很少采用。

②点播:在水稻田土质黏重、整地困难、开沟条播不方便的地方较为适用。将种子与人粪、畜粪、过磷酸钙、硼砂等肥料和适量的细土或细沙充分拌和,分厢定量点播,播后用细土粪盖籽。

③条播:播种时每厢应按规定行距拉线开沟播种,沟深3~5厘米。条播要求落籽稀而匀,最好用干细土拌种,顺沟播下。

(4)及时间苗、定苗、补苗　直播油菜常因播种不匀造成幼苗密度不一致,出现苗挤苗或断垄缺苗现象。所以要及时间苗、定苗、补苗。一般第一次间苗在第一片真叶期,第二次间苗在2~3叶期,4~5叶期开始定苗、同时补苗。

(5)加强肥水管理　油菜播种育苗期间常遇秋旱,所以要立足灌水育苗。同时对于干旱年份、瘠薄田块还应及时补充养分。

(6)防治虫害　油菜苗期主要是虫害较重,如蚜虫、菜青虫等。要适时控制害虫为害,培育健壮幼苗。

四、冬油菜田间管理

(一)油菜的水分管理

1. 播种出苗期　播种出苗期遇到干旱,应在整地时灌水整地,播种后浇施稀薄粪水,保证安全出苗和出全苗、齐苗。

2. 苗期　长江流域的油菜苗期,特别是苗前期(冬至前),秋季干旱降水少,田间蒸发量大,常出现严重干旱,导致油菜幼苗生长缓慢,出现老、小、弱、僵苗现象,直接威胁到其安全越冬。所以苗期水分管理十分重要。应以"浇水保苗、灌水发根、以水调肥、以水调温"为重点,适时灌溉培育壮苗。移栽时和移栽后浇施稀薄粪水或尿素水,确保存活、尽快活。移栽苗开始生长或直播苗3叶期以后引水沟灌,促进根系生长,促进根系对养分的吸收。入冬前灌水提高土壤温度,缩小土壤昼夜温差,防止或减轻冻害死苗现象,这是冬季严寒地区油菜栽培的关键技术之一。

3. 蕾期 是油菜需水的敏感时期,日需水量增加。此时水分亏缺会导致花芽分化数减少,单株角果数减少。此时南方地区降水增多,油菜对水分的需求基本能得到保证。因此蕾期水分管理工作的重点是开好"四沟"(厢沟、腰沟、围沟、排水沟),以防降水过多发生渍害。而北方地区气候干燥,常发生早春干旱。因此应根据土壤墒情适时灌水,保证水分供应。

4. 开花期 是油菜最大需水期,日需水量达到全生育期最大值。此时水分过多或过少都会导致结实率下降,单株有效角果数减少,每果种子粒数减少。油菜开花期,长江流域地区时常阴雨绵绵,低温寡照,造成土壤含水量过高,通气不良,不利于油菜根系发育;同时田间湿度过大,有利于菌核病的发生。因此,疏通"四沟",保证降水后能及时排干,降低田间湿度,防止发生渍涝灾害十分重要。

5. 角果发育成熟期 是油菜种子内容物充实时期,也是每果种子粒数、千粒重的决定时期。此时常有高温艳阳、干热风劲吹的天气,造成高温逼熟,千粒重降低,产量和品质下降。因此后期酌情灌水不能忽视。

(二)油菜施肥技术

1. 平衡施肥技术 我国油菜生产中施肥的数量和技术水平都有了很大的提高。但是,大面积生产上是不平衡的,"四重、四轻、一失调”的现象仍比较普遍。即重视施用氮肥,轻视磷、钾肥的施用;重视施用化肥,轻视有机肥的施用;重视施用追肥,轻视基肥的施用;重视薹期施肥,轻视苗期施肥。氮、磷、钾使用比例失调。由此造成养分“四不、一低、两严重”。即供应不协调、不均衡、不平稳、不持续,利用率低,养分流失严重,对环境污染严重,导致油菜产量和品质下降。因此油菜施肥必须强调平衡施肥,切实做到以下几点。

(1)有机肥与化肥的配合施用　有机肥是指一切可作为肥料施用的作物残体或畜、禽排泄物。有机肥的特点是:所含养分种类或营养元素比较完全,有效养分释放缓慢,所以有机肥的作用效果比较平缓、持续时间长。化肥是化学肥料的简称,又称无机肥。化肥的特点是:所含养分单一(1 种或 2 种),其作用效果快、持续时间短。过量或少量施用,容易出现不良反应。

有机肥和化肥配合使用,可以使油菜生长发育得到平衡、持续的养分供应,保证油菜生产优质高效、高产稳产。有机肥施用以基肥为主,化肥施用以追肥为主。

(2)氮、磷、钾肥配合施用　氮、磷、钾是油菜生长发育所必需的 3 种大量营养元素。氮、磷、钾肥配合施用是油菜施肥的一项重要原则。经济合理的氮、磷、钾肥配合施用,对于提高产量、降低成本、改善品质、增加收益具有十分重要的意义。在高产水平下,以每 667 平方米施氮素 12 千克、五氧化二磷 6 千克、氧化钾 10 千克较为合适,其氮、磷、钾的配合比例为 1:0.5:0.8。在土壤肥力较高时,肥料用量可酌情减少。

(3)基肥与追肥的配合施用　基肥以有机肥为主,配合施用磷、钾、硼肥;追肥以氮肥为主,配合施用有机肥(苗肥)。基肥一般每 667 平方米施土杂肥 7 500 千克左右,复合肥 25 ~ 30 千克。基肥使用量应占总施肥量的 60%左右。

(4)施肥技术

①根据目标产量确定氮肥施用量及施用方法:表 3-4 是根据油菜籽目标产量进行的氮肥推荐施用量及不同时期的施用比例。

表 3-4　氮(N)肥推荐施用量及施用比例　(千克/667 平方米)

油菜籽目标产量	氮推荐用量	氮肥施用方法
<100	6~9	基肥 1/2,2 次追肥平均施用
100~150	8~11	基肥 1/2,2 次追肥平均施用
150~200	10~13	基肥和 2 次追肥,各 1/3
200~250	12~16	基肥 1/3,3 次追肥平均施用
>250	15~20	基肥和 3 次追肥,各 1/4

②根据土壤养分测定值和目标产量施肥:由于我国长江流域油菜多种植在水、旱轮作的水稻田上,不适宜进行土壤硝态氮测试。但仍可根据对土壤状况的大致了解来估计土壤供氮能力(高、中、低),从而大致确定氮肥用量。高水平为作物氮素吸收量的 0.6 倍,中水平为作物氮素吸收量的 1 倍,低水平为作物氮素吸收量的 1.2 倍。其中基肥占全生育期氮肥施用总量的 1/2,其余氮肥分 2 次平均追施。

表 3-5 是根据油菜籽目标产量和土壤供氮能力确定的氮肥推荐施用量。

表 3-5　氮(N)肥推荐施用量　(千克/667 平方米)

油菜籽目标产量	氮肥推荐施用量		
	高肥力田块	中肥力田块	低肥力田块
<100	<2.7	<4.7	<5.7
100~150	2.7~4.7	4.7~8	5.7~9.7
150~200	4.7~6	7.3~10	10~12
200~250	6~8	10~13	12~16
>250	8~10.7	14~18	17~22

当土壤有效磷低于5毫克/千克时,必须施用磷肥以提高作物产量和快速培肥土壤,故磷肥用量应为作物吸收带走量的2倍;当土壤有效磷在5~10毫克/千克时,要通过施用磷肥以提高作物产量和土壤有效磷含量,故磷肥用量应为作物吸收带走量的1.5倍;当土壤有效磷在10~20毫克/千克时,须维持现有土壤有效磷水平,故磷肥用量应与作物吸收量相当;当土壤有效磷大于20毫克/千克时,施用磷肥的增产潜力不大,个别高产或超高产地区可以适量补充磷,一般地区则无需施磷肥。表3-6是根据油菜目标产量和土壤供磷能力确定的磷肥推荐施用量。

表3-6 磷(P_2O_5)肥推荐施用量 (千克/667平方米)

油菜籽目标产量	磷肥推荐施用量			
	土壤磷<5毫克/千克	土壤磷5~10毫克/千克	土壤磷10~20毫克/千克	土壤磷>20毫克/千克
<100	2.7	2	1.3	0
100~150	2.7~5.3	2~4	1.3~2.7	0
150~200	6.0~8.7	4.7~6.7	3.0~4.3	2~3
200~250	8.7~11.3	6.7~8.7	4.3~5.7	3~4
>250	11.3~13.3	8.7~10	5.7~6.7	4~5

当土壤速效钾低于50毫克/千克时,必须通过增施钾肥以提高作物产量和土壤有效钾含量,故钾肥用量应为作物吸收量的1.2倍;当土壤速效钾在50~100毫克/千克时,要维持现有土壤有效钾水平,故钾肥用量应与作物吸收量相当;当土壤速效钾在100~130毫克/千克时,可适当施用钾肥作为苗期"起动肥"供油菜苗期生长需要,故钾肥用量为作物吸收量的1/3左右;当土壤交换性钾大于130毫克/千克时,施用钾肥的增产潜力不大,个别高产地区可以适量补充钾,一般地区则无需施钾肥。表3-7是根据油菜籽目标产量和土壤供钾能力确定的钾肥推荐施用量。

表 3-7 钾(K_2O)肥推荐施用量 (千克/667 平方米)

油菜籽目标产量	钾肥推荐施用量			
	土壤钾 < 50 毫克/千克	土壤钾 50 ~ 100 毫克/千克	土壤钾 100 ~ 130 毫克/千克	土壤钾 > 130 毫克/千克
< 100	7.3	6	2	0
100 ~ 150	7.3 ~ 12.7	6 ~ 10.7	2 ~ 60	0
150 ~ 200	12.7 ~ 19.3	10.7 ~ 16	4 ~ 5.3	2 ~ 3
200 ~ 250	19.3 ~ 24	16 ~ 20	5.3 ~ 6.7	3 ~ 4
> 250	24 ~ 28	20 ~ 24	6.7 ~ 8	4 ~ 5

2. 不同生育期的施肥技术 在施足基肥的基础上,不同生育时期要进行合理追肥。

(1)苗期 油菜苗期历时 120 ~ 150 天,占整个生育期的 50% ~ 60%。油菜苗期生长好坏直接影响到后期产量,所以苗期施肥管理意义重大。此时的管理重点之一是早施苗肥和重施腊肥(冬至前后施用的肥料)。早施苗肥使菜苗充分利用冬前有效积温和光照,重施腊肥增强菜苗抵御低温冻害的能力,使菜苗安全越冬,保证油菜春后生长对养分的需要。苗肥一般在移栽活棵前后,采用 1%尿素水或稀薄粪水 1 000 ~ 1 500 千克浇施 1 ~ 2 次。腊肥一般在农历冬至前采用人、畜粪 1 000 ~ 1 500 千克或土杂肥 2 000 ~ 2 500 千克施于油菜行间或培于根旁。

(2)蕾薹期 蕾薹期施肥要做到看苗(菜苗长势、生育进程)、看地(前期施肥情况)、看天(天气状况)合理施肥,以实现早发稳长、不早衰、不贪青为原则,做到 3 个“少施、迟施或不施”,3 个“早施、巧施、多施”。前者包括:油菜长势强、叶片大、薹顶低于叶尖的,土壤肥沃、腊肥充足的,气温高、菜苗生长快的。后者包括:油菜长势弱、薹茎紫红色且有早衰趋势的,土壤肥力差、腊肥不足的,气温低、菜苗生长慢的。另外,干旱少雨时要肥水结合、以水调肥,多雨地湿时要穴施或结合中耕条施。蕾薹肥一般在薹高10厘米左右时,每667平方米施用尿素7~10千克。

(3)开花成熟期　在抽薹至盛花期,及早补施花肥,可促进角果多、粒多,增加粒重和含油量。一般视前期施肥量和油菜长势确定施肥时期、数量和种类。前期施肥多、长势好的可结合病虫害防治根外喷施磷、钾肥(即0.3%磷酸二氢钾溶液);对于长势差的地块,除磷、钾肥外,再加尿素(每667平方米3~4千克)对清水喷施1~2次。油菜进入开花结角期后土壤施肥极为不便,因此此时施肥一般采用叶面喷施。

五、春油菜栽培技术

春油菜包括春播夏收或夏播秋收所种植的油菜。春油菜的栽培品种,一般属于春性类型。春油菜的生长发育迅速,一般在2~4片真叶时开始花芽分化,6~8片真叶时即现蕾,全生育期80~120天,最短的仅有60~70天。主茎叶数少,一般株高80~120厘米,一次有效分枝3~5个,单株角果50~150个,单株生产力低。

(一)品种选用

春油菜宜选用耐寒品种。在青藏高原的海拔3000~4000米的高寒地区,无霜期短,夏季降水量只有300~500毫米,一般种植早熟的白菜型小油菜,与青稞(裸大麦)轮作倒茬。内蒙古、新疆地区是我国干旱草区和沙漠气候影响较大的地区,年降水量仅200毫米左右,夏季日照时间长,气候炎热干燥,油菜品种大都选用植株高大、抗旱耐瘠性强的芥菜型油菜。

近年来我国选育出了不少适合春油菜产区种植的双低甘蓝型油菜新品种,正在春油菜区迅速推广。如青杂4号适合在海拔3000米以上高寒地区种植,青杂3号适合在海拔2800~3000米的寒冷地区种植，青杂2号、青杂5号适合在2 800米以下地区种植，华协1号特别适宜在1 900~2 500米较高海拔区域种植。这些甘蓝型新品种不仅可替代白菜型品种，而且产量高、品质优。

(二)播前耢地

春油菜区往往春季春旱风大、土壤水分蒸发快，保墒是抓全苗、促壮苗的关键。在积雪融化、耕层土壤化冻3~4厘米时，适时用铁轨大条耢子耢地，以平整地表、封地裂、保水保墒。太松的地块，播前要进行一次镇压，以便控制播深。

(三)选择适宜播期

以日平均气温稳定通过4.6℃作为安全播种期指标，日平均气温在6℃~8℃为最宜播种期。在此范围内宜早不宜晚。按此标准，一般春播在4月上中旬至5月上中旬播种，气候条件适宜可提前至3月下旬；云南等地的夏播油菜一般在5月中下旬至6月上旬播种。以黑龙江省为例，在纬度48°以北地区的适宜播期是5月上旬至中旬，48°以南地区是4月中旬至下旬。

适期早播可抢墒出苗，苗全苗齐，既充分利用生长季和躲避旱、晚霜冻危害，又能使苗期处在适温范围内。春油菜区夏季温度不高，适宜油菜开花结实，但若播期过晚，错过温度适宜时期，则会因温度低、热量不够或因早霜影响，使油菜不能正常成熟而降低产量。无霜期短的高海拔、高纬度地区，在保证苗期不受冻害和后期能充分成熟的原则下，适当早播可争取较长的生长时间。春季干旱的地区，早播往往生长不良，且易遭虫害，可在保证早霜前成熟的前提下推迟播种。

(四)重施基肥，适期追肥

春播和夏播油菜生长期短，因此应根据土壤肥力水平和肥力源条件施足基肥。基肥应以迟效性有机肥为主，一般每公顷施用农家肥 15 000～30 000 千克。可在耕地前均匀撒在地表，犁地时埋入地中作为基肥。如能在基肥中拌入过磷酸钙，每 667 平方米 7.5～15 千克就更具有显著的增产效果。基肥施肥量为氮肥总量的 60%以上及磷肥总量的 70%～90%。如春油菜种植密度较大、生育期短，不便在生长过程中追施肥料，可在施基肥时将所需肥料一次施用耙入耕层。

氮肥可集中作种肥和苗期追肥施用。宜早施苗肥，现蕾抽薹前结束追肥。可在定苗后 4～5 片真叶时，结合中耕除草，根据苗情长势和土壤肥力情况，每 667 平方米施纯氮量 3 千克左右。

（五）播种技术与种植密度

每 667 平方米播量 0.25～0.5 千克，高寒地区每 667 平方米 1.4～1.75 千克，甘蓝型杂交油菜一般为 0.35～0.4 千克。播种深度 2.5～3 厘米，如墒情不好可增加到 3.5～4 厘米。春油菜个体生产力低，应增加种植密度。甘蓝型杂交油菜如种植在高等肥力地块，每 667 平方米产量目标为 250 千克以上，种植密度为 2.5 万～3 万株；中等肥力地块种植密度为 3 万～4 万株；低等肥力地块种植密度为 4 万～4.5 万株。白菜型春油菜植株矮小，分枝弱，种植密度一般每 667 平方米为 20 万～30 万株，高产田为 15 万株左右，高寒地区可达 35 万～50 万株；芥菜型春油菜，株型较大，分枝强，一般在清、洪、滩水地上种植密度为 1.5 万～3 万株，坡梁地上种植密度应在 3 万～6 万株为宜。

（六）中耕除草

春油菜一般需要进行 2～3 次中耕除草。第一次在齐苗后进行，宜浅锄，锄匀、锄均。第二次在定苗后进行，中耕深度可深些。第三次在抽薹前后结合培土进行。

（七）适时灌溉

春油菜对水分的需求一般是前期少、中期多、后期少。因此，要求苗期少灌，抽薹至盛花期依次加大灌水量，终花至成熟期减少灌溉次数及灌溉量。全生育期浇水次数及每次浇水量要依据土壤墒情和降水多少而确定，但抽薹水不能少。一般灌水 2 次，每 667 平方米总灌水量 180 ~ 200 立方米。春油菜中后期灌水要尽量避开大风天气，以减少因灌水引起倒伏。

（八）防治病虫害

春油菜一般虫害严重，病害较轻。主要是蚜虫为害。蚜虫在苗期开始发生，开花结果期为害较重。用速灭杀丁或大功成喷施 1 ~ 2 次效果显著。

六、油菜高产高效栽培模式

（一）油菜套作马铃薯高产栽培技术

采用这种种植模式，每 667 平方米可产油菜 150 千克以上，马铃薯 580 千克以上。比净种油菜增收 400 元以上。主要种植技术如下。

1. 及时整地　水稻等作物收获后及时将田块理好边沟、中沟、厢沟，达到沟沟相通、能排能灌。

2. 种植方式　油菜采用宽窄行栽培。规格为：窄行 26 ~ 30 厘米，宽行 50 ~ 53 厘米；直播株距 15 ~ 25 厘米，移栽株距 30 ~ 33 厘米。在预留的油菜宽行中按 26 厘米 × 16 厘米的规格，采用“丁”字形或双行种植马铃薯。

3. 播栽期　马铃薯于 9 月 5 ~ 26 日播栽，每 667 平方米用种量在60千克左右。以农时季节白露左右为最佳。播栽太早，气温高，易造成种薯腐烂；播栽太迟，会影响出苗率，而且长势差，薯块小而少，最终导致产量低。油菜于9月底至10月5日直播，或10月19～29日移栽。

种薯应选择早熟、生长发育快、块茎膨大早、休眠期短或休眠性浅、茎矮的高产、块大、商品性好的优良品种。同时，最好以整薯作种子。如种薯太大需切割的，最好是把切口面在太阳下晾晒一下，等切口处收浆后再进行播栽，通过这种处理能减少种子的腐烂和促进早发芽。

4. 施肥与覆盖 马铃薯平均每667平方米用磷肥29千克、复合肥20千克、渣肥130千克，肥料不可接触马铃薯种子。然后覆盖稻草，每667平方米地块的稻草盖667平方米地块的马铃薯，再盖一层细薄土为最佳，使马铃薯不见光。此措施可以减少青皮薯块，提高马铃薯的品质和商品价值。

油菜每667平方米施用复合肥48千克、干粪61千克。种植油菜后，应根据马铃薯的长势，因地、因天气等情况对马铃薯追施速效肥或叶面肥，促进马铃薯地上部分和地下块茎的生长。

5. 收获时间 在12月中下旬马铃薯消苗时，油菜已基本长满全田，翌年春节前后将油菜株间已腐烂稻草掀开即可收获马铃薯。收获时应选择晴好天的下午进行，避免遇霜冻损伤油菜叶片。

油菜的栽培管理按农户常年高产栽培方法进行即可。

(二)棉田套栽油菜双高产模式

利用棉花茬口移栽油菜突出的矛盾是棉花让茬迟，茬口衔接一般相差30～35天，这样势必造成油菜迟播、迟栽，影响产量。采取棉田套栽油菜，既能较好地解决油菜适期播种、适时移栽的问题，又能使棉花正常成熟，实现棉、油双高产。

1. 推株并垄套栽油菜 套栽油菜的播种育苗与当地一般油

菜生产相同，培育壮苗于10月中下旬移栽。

(1)合理密植　棉田一般畦宽1.2米、沟宽0.3米，每畦上已栽植2行棉花，可套栽4行油菜。行株距为30厘米×30厘米或33.3厘米×26.7厘米，每公顷移栽油菜9万～12万株。移栽前打穴施肥，每公顷施入基肥油菜专用肥600千克。

(2)推株套栽　打穴后应趁墒对棉花推株并垄，及时套栽油菜。具体方法为：用长1.5～2米的竹竿或木棍，在畦中将棉株向畦沟推靠，推靠程度视棉花长势和便利油菜移栽操作为度。生产实际中应掌握：宽畦重推，窄畦轻推；棉株长势好的重推，棉株长势差的轻推。推靠距离10厘米左右。油菜移栽后及时浇足定根水，促进油菜活棵早发。实践表明，棉田套栽油菜缓苗期较裸地移栽油菜明显缩短。

(3)及时拔秸让茬　棉田拔秸时间应在11月中下旬前结束，拔秸后一般每公顷追施112.5千克尿素提苗促发。油菜田间管理措施与大田生产基本相同。

2. 棉花配套栽培　棉田套栽油菜，棉花生产应紧紧围绕早熟高产实施相应配套栽培技术，争取棉花产量高、让茬早。

(1)双膜育苗　早播早栽一般要求棉花4月5～15日播种，营养钵育苗，播后苗床地膜平铺，上面架拱棚薄膜覆盖，培育壮苗。栽前15天搬钵，栽前7天每公顷用25%助壮素(缩节胺)30～45毫升喷施。栽前3天，每公顷追施尿素75千克送嫁肥，做到带肥带药移栽。

(2)地膜覆盖移栽　移栽地膜棉有利于棉花早发，生育进程提早7～10天，可以提早让茬，减少棉、油共生期，一般增产10%以上。其操作程序是：整地施肥→化学除草→盖膜→打穴→移栽。

(3)合理施肥　移栽地膜棉易早发也易早衰，因此要合理施肥。增肥后移，即施足基肥，早施重施花铃肥，看苗补施桃肥。一般要求基肥每公顷施用25%棉花专用肥750千克。初花期及时施足花铃肥，每公顷追施饼肥 675 千克、尿素 187.5 千克、氯化钾 112.5 千克，结合揭膜打穴埋施。花铃期补施桃肥，每公顷用尿素 150 千克。

(4)全程化控　移栽地膜棉前期生长较旺盛，蕾期易疯长，必须采取化控措施，确保稳长，充分协调营养生长和生殖生长关系。一般蕾期、初花期和花铃期每公顷分别喷施 25%助壮素 45～60 毫升、60～90 毫升和 120～150 毫升。对贪青晚熟棉田，应在 10 月中旬、气温 20℃以上时，每公顷使用 40%乙烯利 1 500 克，对水 900 升喷雾催熟，促进棉花落叶、吐絮，便于油菜套栽，提早拔秸让茬。

(三)油菜套种西瓜高产栽培模式

油菜西瓜套种一般都是油菜西瓜水稻套复种或油菜西瓜棉花(大豆)套种等种植方式的前二作。其栽培措施前期大体相同，后期因接茬作物不同而异。

1. 茬口安排　西瓜 3 月中旬育苗，4 月上中旬移栽，6 月下旬至 7 月上旬收获。后茬接水稻，5 月底 6 月初育秧，7 月上中旬移栽，10 月底至 11 月初收获；后茬接棉花，4 月中下旬营养钵育苗，5 月中下旬移栽，11 月中下旬前拔秸腾茬；瓜田套大豆，5 月中下旬点播，9 月下旬收获。

2. 田间配置及选用品种　油菜定植后田间采取预留行(带)套种西瓜。大田整畦一般畦宽 3 米、沟宽 33.3 厘米，畦面两侧移栽 6～8 行油菜，中间预留带 67 厘米，可间种冬菜，春季冬菜收获后套栽 1 行西瓜。瓜田套种待油菜收获后距离瓜行 50 厘米处两侧移栽 4 行棉花或距离瓜行 30 厘米处套点 6 行大豆。品种上油菜选用油研 7 号、华杂 4 号、涪优 1 号等早中熟甘蓝型杂交油菜及皖油 11 号、皖油 6 号、皖油 7 号等白菜型良种。西瓜选用西农 8 号、丰乐 1 号、苏密、8155、郑杂 5 号等品种。后季稻选用 70 优 04、培两优 288 等品种。套种棉花选用抗虫棉、皖杂 40、中棉 19 等品种。大豆选用皖豆13、豫豆22等中熟品种。

3. 西瓜套种栽培要点

(1)育苗　采取营养钵育苗，西瓜催芽下种，2～3片真叶时移栽，栽前适时通风炼苗。苗龄25～35天。

(2)整地施肥与定植　预留瓜行清除前茬、杂草，深翻整地，每公顷施入腐熟饼肥750千克、土杂肥1 500千克、三元复合肥或西瓜专用肥600千克。然后做垄覆盖地膜，按株距30～33.3厘米，每公顷定植9 000株左右。

(3)田间管理　油菜收后及时灭茬。采用3蔓整枝，即留主蔓和主蔓基部产生的两条侧蔓，其余支蔓一律除去，结合整枝压蔓3～5次使其定向伸展。在瓜重约0.5千克时，每公顷可穴施三元复合肥225～300千克。每株留瓜1～2个。认真做好西瓜猝倒病、疫病、炭疽病、枯萎病、病毒病和地老虎、地蛆、黄守瓜、蚜虫等病虫害的防治工作。

(4)其他后作栽培要点　采取油菜西瓜水稻套复种方式的，晚稻采取稀播育壮秧，秧龄30天左右。移栽行株距23.3厘米×13.3厘米，每穴2～4苗。施足基肥，早施分蘖肥。抓好病虫害特别是后期三代三化螟、稻飞虱及叶面病害防治工作。采取油菜西瓜棉花套种方式的，棉花移栽行株距66厘米×40厘米，每公顷密度3万株；西瓜收后及时清秧，加强肥水管理和棉田病虫害防治工作。西瓜田套点大豆的，一般行株距35厘米×25厘米，每穴双株，每公顷2万株左右。

思考题

1. 如何进行优良品种的选用?

2. 引种油菜新品种应当掌握哪些基本原则？如何做好新品种试种工作?

3. 你种植油菜获得的最高产量是多少？有哪些经验？还有

哪些有待进一步提高?

4. 实现油菜高产应当如何施肥?

5. 如何确定油菜适宜的播种期?

6. 如何确定油菜的适宜密度?

7. 苗好一半收,如何实现全苗、匀苗、壮苗?

8. 油菜田间管理应注意哪几个方面?苗期、蕾薹期、花期、成熟期的管理措施有何异同?

9. 油菜适时收获的标准是什么?过早、过迟收获有什么坏处?

10. 春油菜栽培技术与冬油菜有哪些差异?

11. 请你拟出油菜高产栽培的主要技术措施。

12. 如何提高种植油菜的经济效益?

第四章　油菜轻简高效栽培技术

一、油菜免耕栽培技术

油菜免耕栽培是指在前茬作物收获前后不经过耕翻整地，在板田直接播种或移栽油菜的种植方式。这种技术具有保持土壤结构、保证适时播栽、提高播栽质量、省工节本等诸多优越性。

我国长江流域油菜的播种移栽时间往往与水稻、棉花茬口发生矛盾，同时常出现"夹秋旱"、阴雨连绵的天气，以及由于冷浸田、土壤黏重、翻耕地困难而延误油菜播栽期。采取免耕栽培方式，可有效解决季节矛盾及湿害等问题。

（一）免耕栽培的主要类型及特点

1. 稻田免耕直播或移栽　应在水稻勾头散籽后适度晒田，在水稻收割前5～7天开沟滤水，保持土壤湿润。收割后立即开好"三沟"，做到深沟高畦。将沟土打碎均匀撒于畦面，以利畦面平整。若遇多雨天气，要先人工开几条竖沟排除积水，待天气转晴后再补开墒沟。收割水稻后趁田土潮湿播种或移栽油菜，防止割放稻而造成田土过干，影响出苗或成活。

直播油菜应争取在9月底至10月底尽量早播。免耕移栽的油菜应确保选用5～6叶矮脚壮苗，于10月下旬和11月上旬移栽。秋发油菜在10月20日前移栽。力争水稻收后土壤湿度70%左右移栽，避免烂田移栽。

2. 稻田免耕套播　一般掌握稻、油共生期5～7天；种子进行物化处理，共生期可延长至10～15天，但最好是7～10天。应选择早熟晚稻茬口，注意在油菜播前起好围沟。最佳播期在10月20～25日，最迟在10月30日前。应避免油菜苗在荫蔽条件下生长时间过长，形成高脚苗；播前用微波或调节剂处理种子，有利于避免共生期间菜苗下胚轴伸长伏地进而严重影响成苗的问题。掌握适墒播种，尽早开排水沟，加深围沟。腾茬后开沟前及时施用壮苗肥。

3. 免耕稻草覆盖直(撒)播 稻草覆盖免耕直播是在稻桩上覆盖稻草后播种油菜的方式。这种方法不仅保土保水保温、抑制杂草生长，还可避免焚烧稻草的空气污染。稻草腐烂后所形成的腐殖质大于一般农户习惯用量的农家肥。

收获水稻时尽量低留稻桩。每公顷施用油菜专用复合肥40～50千克作基肥后，再用4 500千克左右的干稻草均匀覆盖。盖草过厚会造成油菜出苗困难，过少不能有效抑制田间杂草。一般在9月15日至10月15日播种油菜，每公顷用2.25～3千克种子与细沙混合全田均匀播种。

4. 棉田免耕套播或套栽 选择早茬棉田。油菜播栽前应清除杂草，清理“三沟”。让茬迟的棉田可推株并垄，在宽行中套播或套栽油菜。棉田地下害虫较多，油菜播种前要防地老虎等害虫。据试验，套播适宜播种期为10月初，适宜套栽期为10月中旬。棉田实行满播满栽，不预留行可减轻倒伏。

(二)免耕栽培技术要点

免耕直(套)播油菜表现生育期伸缩性大，成熟期相对稳定；株体小，靠多株多角高产。因此应选用早熟耐迟播、种子发芽势强、春发抗倒伏、株高适中、株型紧凑而直立、抗病性好的双低油菜新品种。在管理上应注意以下几个方面的问题。

1. 保证播种移栽质量，合理密植 免耕直(套)播油菜，播量一般为每公顷7.5～9千克。每千克种子用15%多效唑1.5克拌种有利于防止高脚苗。播种方式可采用板田开沟条播、撒播，或挖穴点播、移栽。一般采用宽行47厘米、窄行33厘米的宽窄行方式种植。直(套)播应结合中耕追肥及早间、定苗。1~2叶期匀苗，4~5叶期定苗，留苗密度每公顷22.5万~45万株，随播期推迟留苗密度应相应增大。

2. 及时中耕培土　免耕油菜地没有进行耕翻，土壤板结，必须在苗期深中耕2~3次，结合进行培土壅根，疏松土壤，促进根系下扎，以防后期倒伏。第一次11月份进行浅中耕，中耕深度3~5厘米，在地面沟泥干爽后及时碎土培根；第二次在12月份深中耕5~10厘米，在行间铺施麦秸、稻草后用沟土盖住；第三次是在翌年早春浅耕，起到松土升温通气、控制杂草、促进根系发育的作用，但应防止伤根。

3. 及时化学除草　免耕田杂草多，尤其是套播、套栽油菜地。在油菜播种或移栽前3~5天，每公顷用50%扑草净1 500克加12.5%盖草能450~750毫升，对水750~900升土壤表面喷雾。前茬收获后立即播种油菜的田块，如果以禾本科杂草为主，每公顷用10.8%高效盖草能乳油300~450毫升对水750升，于杂草3~5叶期喷雾；以阔叶杂草为主的，每公顷用高特克375~450毫升，对水750升，于油菜6~8叶期喷雾；禾本科杂草、阔叶杂草混生的，每公顷可用17.5%快刀乳油1.5~2.1升，对水600升，于杂草2~4叶期喷雾。

4. 科学施用肥料　免耕油菜以氮肥全程平衡施用比基肥一次使用要好，应注意增施磷、钾肥。免耕油菜一般基肥少，追肥又大多施于表土，在油菜生长后期容易出现早衰现象，因此要增施腊肥，追施薹肥，后期看苗补施花肥。

5. 防旱、防渍、防治病虫害　油菜稻田免耕栽培最关键问题的是避免渍害，因此要坚持做好雨前理墒、雨后清沟、防涝防渍工作。若遇秋、冬季干旱，一般灌溉1~2次。直播油菜比育苗移栽的密度大，一般在抽薹盛期做好打黄叶、脚叶工作，以利于通风透光，减轻病虫害。苗期重点防治蚜虫、菜青虫，花期重点防治菌核病。

在发展油菜免耕技术的同时，着眼于耕作制度全过程的简化栽培技术也在发展之中。如江苏省姜堰市农技推广中心研究的“麦（油）套稻技术”，是在油菜成熟的中后期，将处理后的稻种直接撒播在油菜田内，机械收获后将秸秆就近散开或埋入套沟内自然腐解，不仅水稻不用育秧栽秧及整地，还使秸秆自然还田培肥改土。

（三）油菜免耕移栽机开沟配套技术

1. 清沟排渍，机械化开厢沟 要求水稻散籽后及时排水晒田。9月底至10月初，将收割后的稻田留稻桩15～25厘米高，采用配套的机械开厢沟，标准为沟宽25厘米、沟深20厘米、厢宽1.8米。

2. 及早育苗 油菜的壮苗秧龄40天左右，达到6片真叶以上时移栽。应根据前茬作物的收获期，确定育苗播种期，一般在9月15日前后播种。

3. 适时移栽 一般宽行47厘米、窄行33厘米、穴深4～5厘米，穴距随密度而定。一般按每667平方米8 000～12 000株的密度移栽为宜。移栽时菜苗靠近穴壁，做到苗正根直。用氮、磷、钾、硼化肥和有机肥配合作压根肥，并及时浇定根水。或整块田栽完后畦沟泅墒，有利于油菜早活棵、早发苗。如果遇到连阴雨天气，要突击板田开沟、及时排除地表水，当板田墒情达到移栽要求时立即抢栽油菜。一旦出现苗等田现象、形成了高脚苗，移栽时应将高脚苗部分深埋土中，有利于防冻害、防倒伏。如果板田油菜移栽时遇旱，可在板田上灌1次“跑马水”，让田面湿润，适时进行移栽。

4. 中耕、施肥、除草 油菜成活后，及早每667平方米施用三元复合肥 30~40 千克,有机肥 3 000 千克。或者在开沟前作基肥撒施在厢面上。机械开沟时,将沟土抛撒在厢面上,掩埋好肥料。免耕油菜中耕除草要早。中耕要先浅后深,一般中耕 2~3 次,消灭杂草,疏松土壤,促进根系生长。在草荒严重时也可喷施除草剂(方法同前述)。

5. 早管促早发,培土防倒伏　在油菜田施肥上,一是栽后及时浇施定根稀粪水,二是返青成活后早施提苗肥,三是重施开盘肥,四是看苗酌施蕾薹肥。在全田油菜封行前,结合追肥进行培土防止后期倒伏。培土要逐渐加厚,即活棵后第一次要浅,以后逐渐加厚到 5~6 厘米,促根系下扎,以防除杂草和后期倒伏。

6. 综合防治病虫害　略。

7. 注意事项　免耕机械化开厢沟,厢面宽最适为 1.2~1.5 米。太宽不便于起沟土掩盖肥料;太窄造成覆土厚度过大,不利于油菜生长。重视抓好田间化学除草和越冬前中耕、追肥管理,注意防止油菜后期早衰和倒伏。

二、油菜机械化生产技术

油菜生产全程机械化的重点是机械播种和机械收获两个主要环节。发展油菜生产机械化,既有利于减轻劳动强度,提高生产效率,降低生产成本;又能提高籽粒清洁度,发展秸秆粉碎还田,从而减少秸秆焚烧带来的环境污染,加快油菜的区域化、规范化种植的步伐。

(一)机械直播

播种速度快、效率高、省工节本,尤其适合规模经营。机械播种还可以实现播种开沟同步进行,有利于提高出苗率。南方油菜机械直播是近几年发展起来的一项省工节本的高产高效栽培技术。目前我国冬油菜播种机大多采用稻麦条播机，改换排种器、调整行距后播种油菜。如江苏省镇江市农业机械技术推广站利用稻麦条播机研制改装的2BG-6B型3行油菜直播机，与东风-12型手扶拖拉机配套，能一次完成旋耕碎土、开沟、播种、施肥、覆土等多道工序，是目前各地引进使用较多的直播机。2006年湖南农业大学研制的2BYF-6型油菜免耕直播机，江苏盐城大丰市恒昌汽车配件有限公司研制的云马牌油菜直播机也先后通过了成果鉴定，这些机型均可实现施肥条播，或浅耕、开沟、施肥、条播等多种工序一次完成。如果只要完成油菜种子直接播种一项工序的，可选用浙江省宁波镇海超兴牌种子直播机、手扶式半自动播种机，操作比较轻便，其播种量通过调节落籽口的大小来完成。

1. 品种选用 宜选用生育期较短、发苗快、长势旺、冬发与春发性好的品种，如扬油4号、浙双6号。

2. 适期播种 选择单季晚稻成熟期较早的、集中连片面积相对较大、辐射面广的田块。油菜籽播种时间一般选择在单季晚稻收割之后就开始，也就是大概在10月25日至11月15日，最迟不要超过11月20日，做到宜早不宜晚。播种期宜在9月25日至10月25日，提倡适期早播，以提高产量。

3. 播种方式 水稻收获后趁墒播种油菜，墒情不足的，灌“跑马水”造墒。每667平方米播种量0.15～0.2千克，用油菜专用肥或三元复合肥与种子混合均匀。机条播油菜应先开厢后播种，机械或人工开沟，畦宽2.4～3.6米，每畦播6～9行。宜采用宽行条播，平均行距40～50厘米，有利于提高中后期田间通风透光的能力，便于病、虫、草害防治等田间操作。种肥用量每667平方米12～14千克，种肥选用吸湿性较差的进口复合肥，筛去直径大于3厘米以上的肥料粗颗粒，防止堵住排种口引起断垄。最好选用包衣种子，不仅有利壮苗，还增加了待播种子颗粒尺寸和重量，便于播量的调整和控制，实现播种均匀一致，减少间苗匀苗工作。播深

0.5厘米左右。

在播前先进行各行排量均匀性和行距的调整，然后进行播量调整。为方便调整，复式油菜播种机可通过一定的辅助措施，来达到农艺要求的播种量（每667平方米0.4～0.6千克）。方法一：调整时，先将各排种器的排种舌开度调到最小，再按每667平方米0.4～0.6千克油菜种子、1.5千克尿素、3.5千克碳铵的比例混合调匀。此时的播量为三者之总和，即5.4～5.6千克。其调整方法可按不同类型播种机的调整进行。方法二：按农艺要求将经过丸粒化处理或掺入炒熟的油菜籽或沙子的油菜种子均匀成条地播入土壤里。单式油菜直播机可通过链条传动比的不同来调整播量。

播种时，在保证农艺要求的播量、播深和行距的前提下，要根据地块大小和形状选择最佳的行走路线和播种方法。在前进过程中不能随意停机，播种机未提升起来时不能倒退。同时，在播种过程中，机具转弯不宜过急。复式机作业速度不宜过快，一般以地轮30转/5分钟的速度为宜。

4～5叶期定苗，9月底播种的每667平方米留苗1.5万～2万株，10月15日左右播种的每667平方米留苗2.5万～3万株。

4. 管理技术　机械播种油菜应重施基苗肥，一般每公顷施用高浓度复合肥（15%－15%－15%）600千克和尿素150千克，以保证油菜冬前早发快长。播前应用0.3%多效唑拌种，并调节田土使之软硬适中，不陷脚、不积水。出苗后定期清理疏通沟系，并开挖配套好排水沟和出水沟。及时补种或移苗补缺。

机播油菜杂草基数较高，草害往往较重，应在油菜播后30天左右、杂草基本出齐时及早喷施化学除草剂。早播田块和旺长田块应在11月底至12月初每667平方米用30～50克多效唑化控。机条播油菜群体大，田间较荫蔽、湿度大，病虫害也较移栽油菜重，尤其是蚜虫和菌核病，应及早用药剂防治。

(二)机械收获

机械收获油菜可节省用工,降低劳动强度,生产效率是人工收获的40倍以上,损失率可比人工收获降低50%左右。我国油菜收获机械化技术还处于试验、示范阶段。

1. 机械收获方式

(1)分段收获　先由人工或割晒机切割铺放,割茬高度25~30厘米,厚度8~10厘米。经5~7天晾晒后当籽粒含水量下降到14%以下时,再用联合收获机捡拾、输送、脱粒、秸秆还田。这种方式收获期较长,机械作业成本高,但能提高油菜产品品质,降低水分,增加产量。

(2)联合收获　这种机具工效高,作业成本低,可避开阴雨灾害,油菜适当晚收有利田间后熟。我国目前主要利用稻麦联合收割机改进和调整后进行油菜收获、秸秆还田作业,如湖州-200Y、上海向明200、浙江三联180、南通五山2000型等稻、麦、油兼用型全喂入履带自走式联合收割机。我国目前还没有定型的油菜联合收获机械。但近年来江苏省沃得4LYZ-2型轮式全喂人油菜联合收割机、4LYZ-2型履带式全喂人油菜联合收割机已取得较大的突破,每小时能收获和脱粒油菜2 001~3 335平方米。4LYZ-2型轮式油菜联合收割机,适合大田块作业,生产效率高,远距离转移比较方便。但如果碰上含水率较高的田块,通过性差一些,且机型大,价格较高。4LYZ-2型履带式油菜联合收割机田间通过性能较好,湿烂田块、大小田块都适应,生产效率也比较高,清选筛面积大,油菜收获质量更好一些,价格适中。但是远距离转移需要车辆运输。

2. 机收田的栽培管理　油菜植株高大、分枝多,上下植株角果成熟度不一致,分枝相互交错,是机械收获作业的难点。因此,在栽培管理上应注意以下几点。

(1)品种选择　机收油菜宜选用产量高、抗性强、株高160厘米左右、分枝少或不分枝、分枝部位高、分枝角度小、花期与角果层集中、成熟期较一致、茎秆坚硬抗倒伏、角果不易炸裂的品种种植,如秦优7号等品种为宜。

(2)适当密植　采用直播方式、适当增加密度。直播油菜可获得紧凑型株体,相邻两行间分枝交错重叠状况有所改善,比移栽油菜更利于机械化收获。密度控制在每667平方米3万~5万株,在适当迟播的条件下有利于增加产量,同时减少单株分枝数,主茎较细,可减少机收的分禾难度。若田间密度不大、分枝多、主茎较粗、收割机前进阻力大,则不宜采用分段收获,可选择一次完成收获脱粒的联合收割机。

(3)调节成熟期　采用植物生长调节剂进行化控、化调,使一块田的油菜同时成熟,减少收获损失。如在油菜种子蜡熟期喷施乙烯利等催熟剂,可使油菜达到一次收获目的。

(4)适时收获　过早收获,青荚不易脱净,籽粒含水量高,品质差,不易贮运;过晚收获则角果炸裂,籽粒脱落,损失严重。割晒适期为全田叶片基本落光,植株主花序70%以上变黄,主花序中下部角果籽粒呈本品种固有颜色,分枝角果80%开始褪绿,主花序角果籽粒含水量为35%左右,为最佳割晒期。割晒适期为7天左右,要集中力量昼夜突击。割茬高度30~40厘米,以不丢角果为宜。铺籽厚度25~35厘米,宽度1.5米左右。晾晒7~10天,籽粒水分降至13%以下,即可拾禾收获。拾禾时间避开中午高温干燥天气,在早晚空气湿度大时进行。联合收获的时间要比割晒稍晚一些进行,一般要求90%以上果角呈黄色、80%以上籽粒颜色变黑时方可收获,以免收获时损失和菜籽品质下降。要求成熟一块收割一块。对成熟度较高的地块,应选择早晨和傍晚进行收割,以减少损失。秸秆随时粉碎还田。通过改进机械结构,控制收获损失率在8%以内。

三、油菜"一菜两用"栽培技术

优质油菜"一菜两用"技术，是指利用符合国家双低(芥酸含量小于1%，硫代葡萄糖苷含量小于30微摩尔/克)优质油菜品种，其菜薹没有苦涩味而可作蔬菜食用，然后通过再生分枝开花结实的特点，采用早播、早栽、早管、早发等一整套技术体系。只要措施到位，在收获一茬菜薹的情况下，油菜籽单产不减反增，是优质油菜的一种增产增效种植模式。

根据湖北省新洲、天门、仙桃、嘉鱼、咸宁等地推广种植结果，采用双低油菜"一菜两用"种植模式，每667平方米可摘薹250千克左右，收入250~300元；菜籽单产增加10千克左右，增收30~50元。每667平方米纯收入增加280~300元。主要栽培技术如下。

(一)选用良种

选用符合双低标准并经过国家和省级农作物品种审定委员会审定的，选择苗薹期生长势强、易攻早发、生育期偏早、具备再生能力强的双低油菜品种，如中油杂2号、中油杂4号、华杂6号、华杂8号、华杂10号、中双9号、中双10号等。

(二)施足肥料

施足肥料包括苗床和大田。苗床每667平方米施总含量为25%的复合肥50千克、硼砂1千克作基肥，定苗后结合浇水追施稀释人粪尿或加施少量尿素。大田每667平方米施总含量为25%的复合肥60千克或碳铵65千克、过磷酸钙50千克、氯化钾10千克、硼砂1千克作基肥。早施追肥，移栽活棵后即每667平方米施尿素5~7.5千克提苗。重施腊肥，冬至前后每667平方米施土杂肥3000千克(60担)前加施尿素10千克。翌年2月上旬或摘薹前1周左右每667平方米施尿素8~10千克作薹肥。

(三)适时早播

"一菜两用"油菜多采用育苗移栽。一般要求在9月15日前播种,最好安排在8月20~28日,翌年春节期间即可摘薹上市。双季晚稻茬口播、栽期分别在9月上中旬和10月下旬的,翌年2月份摘薹;棉花茬口播、栽期分别在9月中上旬和10月下旬,翌年2月下旬摘薹。应做到足墒播种,一播全苗。每667平方米播种量控制在400克左右。及时间苗定苗,培育大壮苗,苗龄控制在35天以内,移栽时单株绿叶7~8片。

(四)适宜密度

应根据不同地力确定适宜密度。地力好的棉花和中稻茬油菜,移栽密度每667平方米0.5万~0.6万株,晚稻茬且田间地力较差的每667平方米0.65万~0.75万株。

(五)早栽早管促早发

前茬收获后及时翻耕坑土,适时耙地保墒。油菜移栽前精细整地,移栽期安排在10月中旬,每667平方米栽足7500株以上(行距33厘米,株距25厘米)。及时浇足定根水,以缩短缓苗期。活棵后及时中耕松土、除草,促早发,力争冬至苗单株绿叶数达到12片以上。

(六)适时适量摘薹

在翌年2月中下旬,当薹高达25~30厘米时,及时摘去15~20厘米,每667平方米产菜薹240千克以上。注意摘薹量不宜过大,否则会影响分枝再生数量而导致菜籽减产。

(七)防渍、防病虫害

移栽前开好沟，开春后及时清沟防止春雨渍害，遇春旱应浇水防旱。苗期(包括苗床)及时搞好菜青虫和蚜虫的防治，注意摘薹前必须使用低毒低残留农药并掌握好用药安全间隔期，防止引起食物中毒。后期搞好菌核病防治。

思考题

1. 油菜免耕栽培的定义是什么？
2. 油菜免耕栽培有哪些主要类型？各有什么特点？
3. 油菜机械直播与收获有哪些配套技术？
4. 油菜"一菜两用"栽培的关键技术是什么？

第五章 油菜病虫草害防治技术

一、油菜病害及其防治

(一)病害发生的特点

我国油菜的主要病害有菌核病、病毒病、霜霉病、白锈病等。

1. 菌核病 又称茎腐病,农民也称白秆、麻秆、霉蔸等。是对油菜危害最大的一种真菌性病害。一般发病率为10%~30%,特殊年份可达80%以上。油菜感病后角果数和角粒数显著减少,千粒重下降,一般减产10%~30%(重病区可达30%以上)。

油菜的幼苗、叶片、茎秆、花瓣、角果和种子均可被感染,全生育期都能发病,尤以盛花期最重。感病初期,叶片上的病斑呈暗青色,后扩大成圆形或不规则形的浅褐色或灰褐色轮纹病斑。干燥时病斑穿孔破裂,潮湿时病斑扩展并腐烂。茎秆上病斑初呈梭形或条形,中间白色、边缘褐色,水渍状。湿度大时,病斑蔓延迅速并变为白色,长出菌丝。后期菌丝于茎秆内形成大量的黑色鼠粪状的菌核,致使分枝或整株死亡。

菌核病病原菌在土壤、种子和油菜病株残体中越夏,翌年春季繁衍。当春季雨水较多,或者地块低洼、气温适宜时,菌核病发生严重。氮肥施用过多或过迟,易发病。重茬地最易发病。

2. 病毒病 俗称花叶病、萎缩病、毒素病等。是由蚜虫传毒引发的病毒性病害。一般发病率在10%左右(重者达50%以上)。一般减产10%~20%,特殊年份减产30%以上。

油菜感病后叶片形成枯斑,叶脉变黑死亡,进而叶片皱缩脱落，或出现花叶，或形成黄褐色病斑，并皱缩变硬。苗期发病植株多在抽薹前后死亡。成株发病，轻则植株矮化，开花少，角果弯曲畸形，籽粒少；重则植株枯死。

油菜病毒病的发病轻重与油菜易感病阶段的毒源、传毒蚜虫量以及气候等因素有关。油菜地周围十字花科蔬菜多、或气温较高且天气干旱高温、有利于蚜虫繁衍活动时，病毒病易流行。早播油菜比晚播油菜发病重。

3. 霜霉病 俗称龙头、霜茺等。是由土壤、病株残体和种子传播的真菌性病害。一般发病率 10% ~ 30%，严重时达 50% 以上。产量损失为 10% ~ 20%，且严重影响品质。

霜霉病可侵染油菜的叶、茎、花和角果。感病后叶片初现褪绿色小斑点，后形成多角形或不规则的黄褐色病斑。潮湿时，病斑背面长出大量的白色霜状物，进而变黄干枯。茎秆和分支呈水渍状病斑，后形成不规则黑褐色斑，长出白色霜霉。花轴弯曲肿大成“龙头”，花色深，不能结角。角果细小弯曲，种子色浅、籽粒小。

霜霉病发生轻重与该病原菌量、湿度、温度和栽培管理等因素有关。重茬地，气温高、雨水多，密度大、田间湿度大，早播，则发病重。

4. 白锈病 又名龙头病、龙头拐。是一种由病株残体、带病种子传播的真菌性病害。流行年份发病率 10% ~ 50%，产量损失 5% ~ 20%。

油菜整个生育期都可感病，危害叶、茎枝、花和角果等地上部分。感病后叶片正面出现淡绿色小斑点，后变黄。叶背或叶面出现隆起的白色小疱斑，严重时疱斑遍布全叶，导致叶片枯黄脱落。茎和花轴上的疱斑多呈长圆形或短条状。幼茎和花轴发生肿大弯曲，形成龙头状。花瓣畸形、膨大、变绿呈叶状，不结实也不脱落，并长出白色疱斑。角果也会长出白色疱斑。

病菌以卵孢子或菌丝在病株组织中越冬，或以卵孢子在病株残体、土壤、种子中越夏。秋播油菜出苗后，卵孢子萌发产生游动孢子，借雨水和气流传播于叶面。游动孢子萌发长出芽管，从植物体气孔侵入，形成初次侵染。病斑上长出的孢子囊借风雨传播，进行再度侵染。翌年春，病部又产生大量孢子囊，再次传播。所以，白锈病的发生轻重与病原菌量、气候和栽培等因素有关。连作或与蔬菜连作、油菜苗期和蕾花期雨水多气温高、低洼渍水田块、施肥不当、倒伏田块易发病，特别是在低洼地块发生最为普遍。

(二)病害的农业与生物防治措施

选用抗病品种。这是最经济、高效的主要农业防治措施。选用无病植株的种子做种，或播种前进行种子灭菌处理。与水稻等非十字花科作物复种轮作，消灭土壤传播病原菌；及时、集中处理病株残体，减少病源。深挖或疏通“四沟”(厢沟、腰沟、围沟、排水沟)，做到雨住田干，清除田间渍水，降低田间湿度。合理密植，科学施肥(均衡施肥、配合施肥)，培育健壮植株。尽早发现并摘(拔)掉病叶、病株，减少再侵染。

(三)病害的化学防治技术

病在于早防。前述农业防治措施和生物防治措施就是早期预防病害发生的措施。在此前提下，一旦发生病害流行，还须采取化学防治措施，以减轻病害所造成的损失。但在化学防治过程中，要注意如下几方面。

1. 对症下药　首先要明确病害种类，然后要选准药剂，做到对症下药。

2. 早防早治　病害流行有一个发生发展的过程，所以要及早发现，及早防治，尽量将病害控制在点片发生阶段，严格控制其发展。

3. 药剂治疗　尽量使用对人、畜、作物和环境低毒、无毒、无残留的农药。

二、油菜虫害及其防治

(一)虫害发生的特点

油菜的害虫种类很多,分布较广,为害油菜较重的有蚜虫、菜粉蝶、潜叶蝇、小菜蛾等。这些害虫不仅直接造成油菜减产,有的还可传播病害。

1. 蚜虫 又称蜜虫、腻虫、油虫等。是油菜最主要的害虫之一。蚜虫主要有3种:萝卜蚜(又叫菜缢管蚜)、桃蚜(又叫烟蚜、桃赤蚜)和甘蓝蚜(又叫菜蚜)。

油菜全生育期都可遭受蚜虫为害,干旱地区和干旱年份发生尤为严重。冬油菜区,蚜虫为害盛期是幼苗期。开花期也有蚜害,局部为害较重。春油菜区,蚜虫为害盛期是盛花期。蚜虫密集在叶背、菜心、茎枝和花轴上,刺吸组织汁液。萝卜蚜和甘蓝蚜主要在嫩叶、菜心和花絮幼嫩部分为害。前者偏好有毛寄主和部位,后者相反。桃蚜常在老叶背面为害。被害后叶片形成褪色斑点,继而卷缩变形、生长迟缓直至枯死;嫩茎和花轴生长停滞、畸形,角果不能正常发育,严重者可致植株枯死。3种蚜虫繁殖的最适宜温度是20℃左右,都随气温增高世代数增多,一般1年可发生10~40代,而且可以世代重叠。因而蚜虫的为害普遍而且严重。

2. 菜粉蝶 俗称菜青虫、菜白蝶、白粉蝶。主要在油菜苗期以幼虫将叶片吃成孔洞和缺刻,严重时仅剩下主脉和叶柄。

菜粉蝶1年发生3~9代,且可以世代重叠。菜粉蝶在秋季以蛹在菜园地附近干燥向阳的屋墙、篱笆、树枝、落叶、杂草及土堆等处越冬,翌年春羽化为成虫,此后30天左右幼虫开始为害油菜。所以菜粉蝶对油菜的为害轻重与虫源和气候状况有关。靠近菜园地的油菜为害重。温度和湿度适宜,虫源量大,油菜被害重。

3. 黄曲条跳甲　以成虫群集啃食叶片,可将叶片吃成孔洞直至全部吃完。幼虫在土内啃食根部皮层,也可咬断侧根,致使地上部发黄、萎蔫死亡。此外还可传播软腐病。

黄曲条跳甲 1 年可发生 3 ~ 7 代,也有世代重叠现象。黄曲条跳甲在长江以南油菜区无越冬现象。长江流域及其以北油菜区,以成虫在地面寄主下部叶、残枝落叶、杂草丛中越冬。每年春天气温升至 10℃左右时又开始活动。10℃ ~ 34℃之间,气温越高发生越猖獗。成虫、幼虫喜欢少雨干燥环境,但卵的孵化要求高湿条件。

4. 油菜小菜蛾　主要以幼虫在叶片背面啃食叶肉,使叶片仅剩一层表皮。喜食嫩叶,并在新叶中吐丝结网,使叶片卷曲成丛,不能进行正常的光合作用,影响油菜的生长发育。

小菜蛾每年能繁殖多代。在北方以蛹越冬,在南方以蛹和成虫在残株、枯叶和杂草中越冬。幼虫行动敏捷,受惊后吐丝坠地,主要在油菜苗期为害。

(二)虫害的农业与生物防治措施

最好与水稻实行水旱轮作,消灭土壤中越夏的害虫。清理油菜田块四周,破坏害虫越冬(越夏)场所,减少虫源。调整油菜播种时间,错开害虫发生高峰期。种植诱集植物,减轻害虫对油菜的危害。

(三)虫害的化学防治技术

在虫害防治过程中,不要只有消灭害虫的理念,而应树立将害虫的发生控制在经济水平以内的观念。也就是说,不能见虫就打药,而应该在害虫发展到一定程度(达到防治指标)后再打药。在采用化学农药防治害虫的过程中还要注意如下几点:①不要追求一打药就见到害虫死亡，打一次药就能把害虫全部打死。即不要追求高效农药、高浓度药液。②用药品种不能单一，要多种农药配合使用，防止或延缓害虫产生抗药性。③打药时间要恰当。要在害虫抵抗能力最弱时（如低龄幼虫、卵孵化盛期）打药。④连片田块最好同时打药，防止害虫转移。

三、油菜草害及其防治

（一）草害发生的特点

油菜田杂草可分为禾本科杂草和阔叶杂草两类。禾本科杂草主要有看麦娘、牛毛草、早熟禾、棒头草等，阔叶杂草主要有牛繁缕、猪秧秧、水花生、婆婆纳等。杂草对油菜的危害主要表现在：一是与油菜争肥、争水、争空间，严重影响油菜正常生长发育；二是杂草生长迅速易造成田间荫蔽，增加田间湿度，诱发油菜菌核病、霜霉病等病害的发生；三是人工防除杂草时容易损伤油菜根系，影响油菜生长。

油菜杂草危害主要在油菜封行以前，尤其是苗期。中耕除草不及时危害严重。

（二）草害的农业与生物防治措施

最好与水稻实行水旱轮作，消灭土壤中杂草种子、根、茎等繁殖器官。早期在油菜行间种植速生作物，抑制杂草生长，并在适当时间翻埋作为绿肥。适时中耕除草，不断清除草害。

（三）草害的化学防治技术

杂草的化学防除技术就是采用化学除草剂控制杂草蔓延危害的一种技术。除草剂，根据其作用原理，可分为三类：一是内吸、选择性除草剂。此类除草剂被油菜吸收后会很快被分解转化为无毒的物质，对油菜不会造成任何伤害；而被一定的杂草（如禾本科杂草）吸收后会破坏杂草体内的新陈代谢，致使杂草死亡。二是触杀、非选择性除草剂。此类除草剂在植物体内不移动或很少移动，只伤害植物接触到药剂的部位或器官，对未接触药剂的部位或器官没有影响，对植物没有选择性。三是内吸、无选择性除草剂即灭生性除草剂。可将植物全部杀死。

草害的化学防治技术如下。

1. 防除老草　在油菜播种前 7～10 天使用灭生性除草剂，以杀灭田块内所有杂草和不需要的作物幼苗，便于油菜整地播种。每 667 平方米用 10%草甘膦 500～600 毫升，也可用 20%克芜踪 100～150 毫升，对水 40～50 升进行喷雾。

2. 苗前处理　触杀性除草剂应在播种后马上使用，喷施在土壤表面以形成一层药膜，待杂草萌发出苗（杂草比油菜出苗早、快）接触到药膜即可被杀死。防止杂草出土是防治杂草最理想的除草方案。直播田油菜一般在播种覆土后 1～3 天内，每 667 平方米用 35%一铆可湿性粉剂 50～60 克，或 90%禾耐斯乳油 45～60 毫升，对水 40～50 升均匀喷雾于土表。移栽田油菜，选用的药剂品种和用量与直播油菜田相同，只是用药时间不同，应选择在移栽前 3～5 天喷雾。

3. 选择性防治　油菜出苗后最好使用选择性除草剂。如果田间杂草种类多，则可选用触杀性或灭生性除草剂，但一定要采取措施防止药液喷到油菜叶片上，造成油菜死苗。

以禾本科杂草为主的田块，应掌握在杂草 3 叶期左右，每 667 平方米选用 10.8%高效盖草能乳油 20～25 毫升、6.9%威霸乳油 30 毫升、12.5%拿捕净机油乳剂 80～100 毫升、10%禾草克乳油 50～70 毫升或 15%精稳杀得乳油 45～65 毫升，对水喷施。

如遇繁缕等阔叶草为主的田块，可掌握在直播油菜 6～8 叶期、移栽油菜返青后每667平方米用30%好实多乳油50毫升,或高特克25~30毫升,对水喷施。

单、双子叶杂草混生的田块,可在油菜5叶期后选用上述5种杀禾本科杂草的配方任一种,加50%高特克悬浮剂25毫升。或单独选以下任一种进行防除。每667平方米用17.5%快刀乳油100~120毫升,14%双锄乳油100~120毫升,17.5%油草双克60~75毫升。以上药剂均对水40~50升喷雾于杂草茎叶上。

除草剂的使用过程中要注意如下几点:正确选用除草剂,严格按规定的用量、方法和时间用药。喷施除草剂后要彻底清洗喷雾器,防止下次使用喷雾器时,残留的除草剂危害油菜或其他作物。清洗喷雾器的水要妥为处理,防止流向其他作物田块造成伤害,也要避免残留除草剂对环境的污染。

四、应注意采用农业与生物措施防治病虫草害

农业防治是指采取农业种植措施改变病虫草发生、发展条件,以达到控制病虫草大量繁衍、传播、蔓延,将病虫草害所造成的损失降低到最低程度。生物防治是指利用生物之间相生相克原理,应用特定生物抑制病虫草的发生、发展,达到减轻病虫草对油菜的危害程度。在病虫草害的防治过程中,应以农业防治和生物防治为主,以化学防治为辅。只有这样,才能减少农产品中农药残留,减轻环境污染,保护生态平衡,实现油菜生产的良性循环、持续发展。

存在飞鸟为害的地区,要采取人工或机械驱赶飞鸟的措施,保证油菜角果和种子的正常发育。

思 考 题

1. 我国油菜生产中有哪几种主要病害？各有什么特点？如何防治？

2. 我国油菜生产中有哪几种主要虫害？各有什么特点？如何防治？

3. 本地区油菜田有哪几种影响油菜生长并造成产量损失的杂草？如何防除？

4. 防控油菜病虫草害应采取什么方针？如何掌握农药的使用原则和慎用农药？如何做到农药的安全使用？

5. 如何采用生物方法防治油菜病虫草害？

第六章　油菜收获与种子贮藏

一、适时收获

(一)适时收获的意义

油菜籽具有角果成熟参差不齐的特性,这一特性给油菜的收获也带来了困难。

油菜的花序为无限花序,边生长边开花。主茎花轴开花最早,接着是各级分枝开花,开花次序均为由下而上。开花持续时间长,一株油菜花期先后达 20 天,群体花期达 30~40 天。同一田块中的油菜由于开花时间早晚不同,角果的发育程度不同,在不同时期收获对油菜产量、含油量以及品质的影响也不相同,正确的采收和贮存是油菜籽生产创造利润的最后一步。因此,科学地确定油菜籽的适宜收获时期是丰产丰收的关键。

不适时的收割、不正确的收割方法和处理、不适当的贮存等都会造成种子数量和质量的下降,从而影响产值。如果收获过早,籽粒不饱满(尤其是上部角果的籽粒),油脂转化过程没有完成,产量、含油量、品质均有下降。但收割过迟,部分角果会因过熟而裂角落粒,且粒重和含油量均有所下降,造成减产。西北春油菜区有些产地的芥菜型油菜,成熟后长期留置田间,手摇植株可以听到种子响声,如此迟期收获,产量损失可在 20%以上。据研究,常规甘蓝型油菜提早 4 天收获比适期收获的减产 16.41%,而且千粒重低 0.035 克,含油量降低 3.5%左右;秦油 2 号推迟 3 天收获,其每 667 平方米产量比适时收获的减产 10%~12.5%,迟收 7 天则减产 15.1%～16.2%。因此,适时收获既能实现油菜的丰产丰收,也可改善菜籽品质。

(二)适时收获的标准与时间

油菜适宜收获期较短,在收获季节阴雨频繁的地区和年份,更要掌握好时机,抓紧晴天抢收。油菜的适宜收获时期因品种、种植密度、空气湿度和栽培条件而异。

1. 适宜收获的生物学特征 一般是在油菜终花后 25～30 天。油菜终花为全田只有 10%植株有花。油菜终花后 25～30 天,油菜已八成熟,这时大田植株约 2/3 的角果呈现黄绿色至淡黄色,主花序基部角果开始转现枇杷黄色;分枝上尚有 1/3 的黄绿色角果,并富有光泽,只有分枝上部尚有部分绿色角果,故称"半青半黄"期;大多数角果内种皮已由淡绿色转现黄白色,颗粒肥大饱满,种子表现本品种固有光泽;主茎和分枝叶片几乎全部干枯脱落,茎秆也变为黄色。此时种子平均水分含量为 30%～35%,种子的重量和油分的含量接近最高值,是实现油菜种子最佳产量和质量的适宜割晒时间。

种子色泽的变化也可以作为适宜收获的尺度。即摘取主轴中部和上中部一次分枝的中部角果共 10 个,剥开观察籽粒色泽,若褐色粒、半褐色半红色粒各半,则为适宜的收获期。由于种植密度不同,分枝数量多少也不相同。在确定油菜的适宜收获期时,各部位摘取角果数的比例也不应相同。密度为每 667 平方米 21 万株时,主轴、上中部分枝的角果比例为 3:3:4;若密度为 1.5 万～2 万株时,摘取角果的比例应为 4:4:2;当密度超过 2.5 万株以上时,其比例为 5:4:1。实践证明,采用这种不同比例的取角方法,具有一定的准确性。

一般株型高大、分枝多、特别是二次分枝多的品种,全株上下角果籽粒成熟相隔时间较长,有的品种从主序角果成熟到中下部二次分枝角果成熟时间相差 12～15 天；植株紧凑、分枝较少的品种，全株上下角果成熟相间也不过 6～8 天。种植密度较大的，由于单株分枝少，主花序角果占的比重较大，分枝角果占的比重小，所以全株上下角果成熟期相间时间短。一般密度在每 667 平方米 2 万株的情况下，其相间时间为 5～6 天。空气湿度大的地区，全株上下角果成熟相间时间较长，一般相间 7～9 天。丘陵瘠薄地区种植的油菜植株上下部角果的成熟期相间时间一般为 4～5 天，密度较大的只有 3～4 天。

为了防止收获过时裂角落粒，收获时要注意做到晴天早晨割、傍晚割、带露水割。阴天全天割。避免在高温（30℃）的干燥天气下割晒，否则不利于油菜后熟，从而导致绿色不成熟种子的比例增加。因此，油菜产区有“八成黄、十成收，十成黄、两成丢”、“角果枇杷黄，收割正相当”、“上白中黄下绿，收割不能过午”等说法。这些农谚都说明掌握好收获时间，有利于减少菜籽脱落的产量损失。

2. 不同油菜产区的收获时间范围 我国各地油菜的成熟收获时间，由于气候条件及品种类型不同而有较大的差异。

（1）冬油菜 海南岛至昆明、桂林、福州一线，11 月下旬至 12 月初播种的白菜型油菜，翌年 3 月份即可收获。长江中下游白菜型油菜在 4 月下旬至 5 月初收获，甘蓝型油菜在 5 月上中旬收获。长江下游地区受海洋气候影响，气温变幅小，收获期较长江中下游迟 10～15 天。关中、黄淮流域冬油菜越冬期长，翌年 5 月下旬收获甘蓝型油菜。而渭北、晋冀平原地区的白菜型冬油菜较多，一般 8 月下旬播种，翌年 6 月上旬成熟收获。

（2）春油菜 春播油菜最早可在 7 月份收获，多在 8 月中下旬至 9 月上旬收获。夏播油菜在 9 月中下旬到 10 月上旬收获。

（三）适时收获的方法

1. 人工收获 随着我国农业种植结构的调整，油菜种植面积均呈逐年增长趋势。但目前油菜收获仍依靠人工完成。无论是冬油菜产区还是春油菜产区,人工收获均应在早晨带露水收割,以防主轴和上部分枝角果裂开落粒。收割的油菜应及时运出田外堆垛后熟,然后再翻晒脱粒。捆好的油菜应交错上堆,堆心不能过实以利通气散热。堆放油菜时应把角果放在垛内,茎秆朝垛外,以利后熟。堆顶用稻草或薄膜覆盖,防止雨水浸入。要注意检查垛内温度,防止高温高湿导致菜籽霉变。一般堆放4~6天后要在晴天的清晨及时散堆,均匀铺在晒场摊晒,厚度不宜超过33厘米,连枷拍打可稍薄。油菜种子成熟先后不一,要反复碾压,随碾随翻,基本脱粒干净后清除秆、壳、渣,把种子晒干扬净。收获过程应力争做到"四轻"(轻割、轻放、轻捆、轻运),力求在每个环节上把损失降到最低限度。

人工收获工作效率低,劳动强度大,不包括脱粒在内每人日均只能收割667平方米,经常遇到收获不及时的问题。如此不仅会影响到后作农时,而且人工收割时的摊晒、搬运、脱粒带来的损失率达到10%。因此发展油菜机械收获技术是我国油菜生产亟待解决的问题。

2. 机械收获 我国西北部分地区实现了机械收获,但能够在大面积油菜产区使用的专用油菜收获机械目前尚在试验推广过程中。油菜机械收获可分为联合收获、分段收获和2次脱粒收获3种方式。前两种是生产上常用的方式(相关定义见第五章)。

(1)联合收获 省工省时,但适宜时期非常短。种子含水20%左右时收获。过早脱粒不净,过晚碎粒率较高。因此要求有足够的收获机械,否则时间延长将造成较大的损失,特别是在有大风大雨的年份。

(2)分段收获 可在油菜未成熟时进行割晒,延长油菜籽的适宜收割期而对增加产量有利,特别是在遇到大风、阴雨的天气时更为明显。也适用于生长繁茂、分枝多、角果成熟不整齐的田块。

(3)2次脱粒收获　是先进行联合收获,脱下一部分成熟的籽粒,隔一段时间后再用联合收获机拣脱粒1次,将第一次未成熟的籽粒脱下。

3. 后熟对产量、品质和加工工艺的影响　刚收获的油菜籽往往需要经过一个从收获成熟到生理成熟的过程。种子在收获或者脱离植株后仍然进行上述生理代谢过程,称之为后熟作用。后熟作用能提高油菜籽的千粒重,改善油菜籽品质,提高油菜籽的出油率(可达0.5%~1%),而且完成后熟期的油菜种子内的酶可转变为结合的休眠状态,从而有利于油菜籽完全贮藏。同时,后熟作用还有利于油脂制取及油脂精炼操作工艺。如后熟作用使得蒸炒操作方便,制取的毛菜油色泽淡、酸价低,脱磷操作顺利。未经后熟或后熟不完全的油菜籽发芽率低、呼吸强度高、耐贮藏性能差,制取的毛菜油脱磷操作困难或磷脂脱除不尽,使制油加工困难等。

将收获的油菜随即叠堆或上堆7天左右,即可使种子在母体上完成后熟过程。为保证后熟作用完全,应采用正确的堆放方法。若直接散放田间晾晒,角果皮将会迅速失水变干,茎秆和角果皮中的营养物质不能再向籽粒运输,不利于后熟,角果秕粒增多,可降低产量和品质。正确的堆垛方法应是第一层角果向外,上部各层角果向内,顶上加盖防雨层,避免雨水渗透发生霉烂。在堆放后熟过程中,要注意检查堆内温度,防止高温高湿导致菜籽霉变。经过堆放4~7天的油菜,角果经果胶酶分解,角果皮裂开,菜籽已与角果皮脱离。这时,可选择晴朗的天气,抓紧时间摊晒、碾打、脱粒、扬净。

二、籽粒干燥

脱粒后的种子一般含水量为15%~30%,不宜马上装袋堆放,否则易发热霉变。应及时晾晒使含水量低于9%时装袋存放。

有条件的地方可用烘干机烘干，但通人的热风温度不能超过80℃～85℃，否则会影响菜籽质量。

可用一些简易的方法鉴定油菜籽的干燥程度。如手抓一把菜籽，籽粒可从拳头两端或指缝中向外流出，或手搓菜籽发出沙沙的响声，表明油菜籽干燥状态良好，含水量大约在9%以下，符合贮存要求。

脱粒后的油菜籽，如遇阴雨天气不能出晒，可采取以下救急措施，以防霉变。

(一)拌盐法

将盐拌入新收获的菜籽中可以降低水分，抑制酶的活动，使脂肪不易分解。每100克油菜籽里拌1克食盐，能在5～6天内维持它贮藏的稳定性，出油率仍能保持原来的95%。

(二)密闭法

菜籽脱下以后立即用塑料薄膜密闭，以形成自然缺氧。用这种方法处理高水分的菜籽，虽然品质稍有降低，但是可以使菜籽在7～10天内不生芽、不发热、不霉烂，必要时还可在密封菜籽堆内施放低剂量磷化铝片实施化学贮藏。此法能赢得时间，待机出晒。

(三)摊晾法

将菜籽铺在晾晒器具上，放在通风的地方。摊菜籽时，既要薄又要匀，并且每隔1小时要翻动1次。

三、油菜种子贮藏

在不适宜的温度、水分条件下贮藏，油菜籽容易出现结块、霉变现象。油菜籽发热霉变后对出油率会有不同程度的影响：籽粒表面有白霉点,擦去霉点皮色正常的或皮色变白、肉色保持淡黄色的,不影响出油率;皮色变白、肉质变红、有腐酸味的,出油率下降;结块、有酒味的,严重影响出油率;皮壳破烂、肉质呈白粉状的,则不出油。

(一)温度对菜籽贮藏的影响

具有生命力的油菜籽与一切生命有机体一样,随时都在呼吸。呼吸时,要消耗本身的有机物质。呼吸作用越强,有机物质的消耗越多,其结果使油菜籽品质下降。若能将油菜籽的呼吸控制在极微弱的范围内,既能维持基本的生命功能,保持其正常机体不受病菌侵害,又能将其消耗降至最低限度,使油菜籽处于休眠状态,从而达到改善贮藏条件、保持油菜籽品质的效果。温度的高低对种子呼吸强度和生命力有直接影响。在低温情况下,呼吸作用十分微弱,有利于菜籽的安全贮藏。在良好的通气条件下,高温会使种子呼吸作用加快,有机物质消耗增多。大堆存放时,由于油菜籽呼吸作用产生大量的热量,堆内极易发热,最高温度达到 70℃ ~ 80℃。且当温度升高到 30℃ ~ 35℃时,害虫和螨类的影响加剧,从而减少种子的耐贮存时间。

(二)水分对菜籽贮藏的影响

油菜籽种皮较薄,组织疏松,且籽粒细小,表面积大,在入库及仓贮过程中极易吸水潮解,影响种子质量。种子水分越高,种子被破坏的可能性则越大。当水分超过 8% ~ 9% 时,少数干生霉菌就会发生繁殖,逐渐造成种子霉变。如果把含水量为 7% ~ 8% 的油菜籽堆放在密封条件不好的仓库内,在湿度较高的情况下,油菜籽的含水量只需 7 ~ 8 小时就会升到 19%。实践证明,如果油菜籽含水量在 13% 以上时,可在一夜之间全部霉变,籽粒表面变成灰白色。因此,及时检查库存油菜籽的水分状况至为重要。在正常的收获条件下，当种子水分含量超过10%时，每隔1～2周就要干燥种子1次，以避免受到损害。

（三）安全贮藏的措施

1. 严格控制含水量　油菜籽的含水量控制在8%～9%以内较为安全，长期贮藏的含水量应小于8%。油菜收割后，经过4～7天的堆放，角果皮裂开，菜籽已与角果皮脱离。这时，可选择晴朗的天气，抓紧时间摊晒、碾打、脱粒、扬净。当油菜籽的水分降到8%～9%时即可入库。夏天空气相对湿度在50%以下时，油菜籽水分可降到8%以下；如空气相对湿度在85%以上，种子会很快吸湿潮解，含水量上升到10%以上。因此，阴雨天不宜入库。

在仓贮期间，应勤加检查与开仓换气。仓贮菜籽经常开仓换气，可把潮湿空气排出仓外，进入干燥空气。但在仓外相对湿度大于仓内时，不能开仓换气。一般刚入库收藏的种子在3～5天内检查1次，以后每隔10天检查通风为好。如发现含水量升高，要及时采取措施进行晾晒。当水分下降到规定标准后应注意密闭良好，以防种子吸湿。检验其含水量是否达到安全贮存标准的简单方法为：群众的经验是抓一把油菜籽平摊在桌面上，用瓦片重压，如发出脆声表明达到安全贮存标准。

2. 严防发热霉变　种堆温度夏季不宜超过28℃～30℃，春、秋季不宜超过13℃～15℃，冬季不宜超过6℃～8℃。如种温高于仓温3℃～5℃就应采取措施，进行通风，降温散湿。我国冬油菜产区油菜收获脱粒后恰遇夏季高温高湿季节，油菜籽的含水量容易升高，水分常在20%以上，高的可达50%左右，若含水量超过12%时，就很容易在短期内发热霉变，必须进行紧急抢救处理。在这种情况下，可采取以下措施：用塑料薄膜密封加磷化铝熏蒸，即将湿油菜籽用塑料薄膜严密覆盖，四周用泥土压实封紧，不让透空气，每立方米投人磷化铝3～4片。这是应急措施，保存时间不可超过1周。待机晾晒,防止继续发热。在启封时严禁人员进入薄膜内,因为经过一段时间,膜内充满二氧化碳,对人有窒息的危险。

贮藏前,应充分降温,以防种子堆内温度过高,发生干烧现象而造成损失。因为刚经烈日晒过的油菜籽大量入库,由于库房密封条件好,超标贮藏仓容空间又小,如入库后立即关闭仓门,种温高于仓内气温,温差较大,由种子散发出的热蒸汽遇冷后易在种堆表面形成雾滴,使种堆局部积聚水露,发热变质。所以热种子入库后要待种子充分冷却后再关闭仓门。一般结合风选,充分降温散湿,同时可清除尘埃杂质及病菌等,增强贮藏的稳定性。

3. 合理堆放 由于大的贮仓易造成温度升高和湿度转移,因此油菜籽应贮存在较小的、便于处理的仓库内。油菜籽体积小和随意流动的特性决定了要有高质量的贮存仓以避免泄漏,屋顶和门的开口、建筑结构的结合点甚至小漏洞都要封严以避免损失。木制仓库更易于种子泄漏,也易使种子遭受潮气、害虫和啮齿动物为害,而铁制仓库几乎不需维护,可以很容易的密封以抵挡害虫和天气影响。

油菜籽入库必须按水分含量高低、品质好坏分别堆放。一般水分在8%以下、杂质不超过5%的菜籽,适于长期贮存,可堆放1.5~2米高,包装12包高;水分在10%~12%的菜籽,散装1米高,包装6~8包高,并且只能短期贮藏;水分12%以上的油菜籽应抓紧处理,否则随时都可能发热霉变。同时应合理堆放,严格检查。散装菜籽,堆垛下应铺垫圆木、木板和芦席,使堆放的菜籽与地面隔离。堆垛与墙壁也不应少于50厘米距离。袋装贮藏,应堆成“工”字形、“井”字形或“金钱形”,利于通风透气。

经过合理安全贮藏的油菜种子一般均具有以下特点:种子有略甜气味,没有可见霉菌,其他杂质种子的含量低于1%,高于90%的发芽率,碾碎后有多于97%的黄色种子等。

思考题

1. 油菜适时收获的意义及标准是什么?

2. 如何掌握收获油菜的适宜时间? 过早、过迟收获有什么坏处?

3. 后熟对油菜产量、品质和加工工艺有什么影响?

4. 温度和水分对菜籽贮藏有什么影响?

5. 油菜安全贮藏有哪些措施?

第七章　油菜主要试验技术

一、油菜种子检验技术

(一)油菜种子质量

油菜种子从广义上来讲应包括两个方面:一方面是指大田生产的、专供于榨油等商业用的油菜籽;另一方面是指专业化生产的、备作留种以供大田生产播种用的油菜籽。

1. 商用油菜种子质量　鉴别商用油菜籽的质量,常根据其籽实饱满度、种皮的厚薄、种子大小、种子整齐度、种皮色泽等外观指标,加上种子含杂率和干湿程度等项目进行。要注意籽实饱满、皮薄、大小整齐均匀、鲜亮圆滑,然后看干湿程度和含杂质多少。参照中华人民共和国国家标准—低芥酸、低硫苷油菜籽,以供应用。本书中优质油菜农产品标准采用下列指标。

(1)水分含量　优质油菜籽水分不超过8%。从菜籽的颜色及状态可初步鉴别干湿程度。油菜籽七成干时色发青,八成干时色发黄,九成干时在手上一压分成两瓣,晒到十成干时在手上一压皮肉立即分开。或用手抓一把油菜籽紧紧握住,油菜籽会发出“嚓嚓”的声音,并从拳两端和指缝间向外射出;将手放开时,掌上剩余的油菜籽自然散开不成团,据此可以判断是干籽,否则是湿籽。用手插入油菜籽堆的深处,如感觉菜籽发热,而从堆内取出的菜籽呈灰白色,可以断定水分过大,可能会出现发霉现象。

(2)含油量　用油菜籽中粗脂肪含量百分率表示。

(3)芥酸　油菜种子的油中所含的顺 Δ^{13}－二十二碳一烯酸,

以占脂肪酸组成的百分率表示。低芥酸油菜籽中油的芥酸含量≤5%，一般以1%左右为好。

(4)硫苷　油菜种子中所含硫代葡萄糖苷，以每克饼粕(水分含量8.5%)中所含硫苷总量微摩尔数表示。低硫苷油菜籽中硫代葡萄糖苷含量≤45微摩尔/克饼，国外已达到30微摩尔/克饼。

(5)杂质　优质油菜籽的杂质不超过3%，用通过规定筛层和无制油价值的物质表示。包括下列几种：①筛下物。指通过直径1毫米圆孔筛的物质。②有机杂质。指没有制油价值的油菜籽、异种粮粒和其他油料种子以及其他有机物质。商用油菜籽的杂质标准为不超过3%。具体操作方法：粗略的方法是用手抄起一撮油菜籽，放在手掌上左右晃动，籽粒在上，泥沙杂质留在掌心，然后估计杂质含量。准确的方法则是取一定数量的油菜籽，用筛子筛净，求其失去的重量(杂质)占整个取样重量的比例。在鉴别杂质时还要注意与油菜籽相似的野菜籽，如颜色灰暗，用手或硬物摩擦籽仁感觉坚硬，不能成粉末状；靠上衣袖即能黏附其上的则是野菜籽。③霉变粒。指粒面有霉、子叶变色、变质的颗粒。霉变粒限度为2%。④色泽、气味。以一批油菜籽的综合色泽、气味表示。

优质商品油菜种子的定级以表7-1为依据。在含油量、芥酸含量和硫苷含量等3项质量指标中，以最低等级项确定等级。但芥酸含量不得高于5%，硫苷含量不得越过45微摩尔/克饼。

表 7-1　优质商品油菜籽的质量分级指标

（NY 415—2000）

等级	含油量不低于（%）	芥酸不高于（%）	硫苷不高于（微摩尔/克饼）	杂质不高于（%）	水分不高于（%）	色泽气味
1	40.0	3.00	35.00	3.0	8.0	正常
2	39.0					
3	38.0	5.00	45.00			
4	36.0					
5	34.0					

2. 播种用的种子质量

(1)一般油菜种子质量分级　国家规定的油菜种子质量标准指标见表 7-2。

表 7-2　油菜种子的质量指标　（%）

类　别	级别	纯度不低于	净度不低于	发芽率不低于	水分不高于
亲　本	原种	99.0	97.0	80	9.0
	良种	97.0			
杂交种	一级	90.0	97.0	80	9.0
	二级	83.0			
常规种	原种	99.0	98.0	90	9.0
	良种	95.0			

〔中华人民共和国国家标准——经济作物种子　油料类(编号:99－3－6－13)〕

(2)双低油菜种子质量的分级指标　播种用双低油菜种子质量分级指标见表 7-3。

表 7-3　低芥酸、低硫苷油菜种子质量指标

（NY 414—2000）

<table>
<tr><th rowspan="2" colspan="2">种子级别</th><th colspan="7">质量指标</th></tr>
<tr><th>芥酸
不高于
（%）</th><th colspan="2">硫苷
不高于
（微摩尔/克饼）</th><th>纯度
不低于
（%）</th><th>净度
不低于
（%）</th><th>发芽率
不低于
（%）</th><th>水分
不高于
（%）</th></tr>
<tr><td rowspan="2">杂交油菜种子</td><td>一级</td><td rowspan="2">2.0</td><td>F_2代</td><td>亲本平均值</td><td>90.0</td><td rowspan="2">97.0</td><td rowspan="2">80</td><td rowspan="2">9.0</td></tr>
<tr><td>二级</td><td>40.0</td><td>30.0</td><td>83.0</td></tr>
<tr><td colspan="2">非杂交油菜育种家种子</td><td>0.5</td><td colspan="2">25.0</td><td>99.9</td><td>99.5</td><td>96</td><td>9.0</td></tr>
<tr><td colspan="2">原　种</td><td>0.5</td><td colspan="2">30.0</td><td>99.0</td><td>98.0</td><td>90</td><td>9.0</td></tr>
<tr><td colspan="2">良　种</td><td>1.0</td><td colspan="2">30.0</td><td>95.0</td><td>98.0</td><td>90</td><td>9.0</td></tr>
</table>

（3）播种用油菜种子的植物检疫项目　符合国家有关规定。

（二）油菜种子相关定义

随着我国低芥酸低硫苷油菜的推广、种植、加工及利用的不断扩大，种子的生产量与销售量亦不断增长。为了保护低芥酸低硫苷油菜种子生产、经营和使用者的利益，避免不合格种子用于生产所带来的损失，使栽培的优良品种获得优质、高产，中华人民共和国农业部于 2000 年 12 月 22 日特制定发布了低芥酸、低硫苷油菜种子的质量及其检测标准。重要的相关种子定义如下。

育种家种子。育种家育成的非杂交油菜遗传性状稳定一致的品种、并由育种家提供的高纯度种子。或杂交油菜亲本种子的最初一批种子。

杂交油菜种子。用三系（或两系等）杂交法生产的达到良种质量标准的种子，用于进一步繁殖原种种子。

原种。用非杂交油菜育种家种子繁殖或按原种生产技术规程生产的达到原种质量标准的种子,用于进一步繁殖良种种子。

良种。用常规原种繁殖的第一代至第三代和杂交种达到良种质量标准的种子,用于大田生产。

芥酸。定义同商用油菜籽。杂交油菜种子芥酸以 F_2 代芥酸含量表示。

硫苷。定义同商用油菜籽。杂交油菜种子硫苷以 F_2 代硫苷含量和亲本硫苷含量平均值表示。

(三)油菜种子质量检验方法

1. 种子样品的扦样、分样 按 GB/T 3543.2 执行。简易操作程序如下:①实地考察确定好种子批。将同一来源、同一品种、同一年度、同一时期收获和质量基本一致、约 10 000 千克种子作为一个种子批。②选择适宜的扦样器(如袋装扦样器或散装扦样器)进行初次取样。取样中按种子批的大小来确定扦取的样品数。一般种子批为 6~30 袋组成时,取样数为每 3 袋取 1 个,总数不少于 5 袋;31~400 袋组成时,每 5 袋扦 1 袋,总数不少于 10 袋;401 袋以上组成时,每 7 袋扦 1 袋,总数不少于 80 袋。对于散装种子批,500 千克以下时至少扦 5 个;501~3 000 千克每 300 千克扦 1 个,总数不少于 5 个;3 001~20 000 千克每 500 千克扦 1 个,总数不少于 10 个。③混合样品。由种子批内扦取的全部初次样品组合而成。一般将初次样品用油布混匀,采用分样板分样,或用分样器分样,通过多次反复使样品混合均匀,并留下适量种子供后续项目检验用。④送验样品。送到种子检验机构检验,规定样品数量为 100 克。⑤包装试验样品。把种子装在容器内,封好后如不启封,则无法把种子取出。如果容器本身不具备密封性能,每一容器加正式封印、或不易擦洗掉的标记、或不能撕去重贴的封条,发送给检验机关或贮备复检。

2. 净度分析 按 GB/T 3543.3 执行。净度分析是测定供检样品不同成分的重量百分率和样品混合物特性，并据此推测种子批的组成。

分析时将试验样品分成3种成分：净种子、其他植物种子和杂质。并测定各成分的重量百分率。样品中的所有植物种子和各种杂质，应尽可能加以鉴定。

为便于操作，将其他植物种子的数目测定也归于净度分析中。它主要是用于测定种子批中是否含有有毒物质或有害种子，用供检样品中的其他植物种子数目来表示。如需鉴定，可按植物分类鉴定到属。

使用的仪器有净度分析台、钟鼎式分样器、横格式分样器、不同孔径的套筛（包括振荡器）、手持放大镜或双目低倍显微镜、天平（感量为0.1克、0.01克、0.001克和0.1毫克）等。

3. 发芽试验　按GB/T 3543.4执行。

（1）测定发芽质量的重要概念

①发芽：在实验室内萌发的种子出现幼苗，并生长达到一定阶段。幼苗的主要构造表明在田间的适宜条件下能否进一步生长成为正常的植株。

②发芽率：在规定的条件和时间内（10天）种子发芽停止后长成的正常幼苗数占供检种子数的百分率。

③正常幼苗：在良好土壤及适宜水分、温度和光照条件下，具有继续生长发育成为正常植株的幼苗。

④不正常幼苗：生长在良好土壤及适宜水分、温度和光照条件下，不能继续生长发育成为正常植株的幼苗。

⑤未发芽的种子：在试验末期（10天）仍不能发芽的种子，包括硬实、新鲜不发芽种子、死种子（通常变软、变色、发霉，并没有幼苗生长的迹象）和其他类型的种子（如空的种子、无胚或虫蛀的种子）。

⑥新鲜不发芽种子：由生理休眠所引起。试验期间保持清洁

和一定硬度,有生长成为正常幼苗潜力的种子。

⑦发芽床:通常采用纸质发芽床。湿润发芽床的水质应纯净、无毒害,pH 值为 6~7.5。一般要求具有一定的强度、质地好、吸水性强、保水性好、无毒无菌、清洁干净,不含可溶性色素或其他化学物质,pH 值为 6~7.5。可以用滤纸、吸水纸等作为纸床。

(2)实验需要的仪器设备　数粒板、活动数粒板、真空数种器或电子自动数粒仪、发芽箱(要求有光照,控温范围 10℃~40℃)、发芽器、发芽室和发芽皿等。

(3)试验程序　从经充分混合的纯净种子中,用数种设备或手工随机数取 400 粒。通常以 100 粒为 1 次重复。将数取的种子均匀地排在湿润的发芽床上,粒与粒之间应保持一定的距离。在培养器具上贴上标签,按规定的条件进行培养。发芽期间要经常检查温度、水分和通气状况。如有发霉的种子应取出冲洗,严重发霉的应更换发芽床。发芽期间发芽床必须始终保持湿润。注意通气,使种子周围有足够的空气。每株幼苗都必须按规定的标准进行鉴定。鉴定要在主要构造已发育到一定时期进行。在计数过程中,发育良好的正常幼苗应从发芽床中拣出,对可疑的或损伤、畸形或不均衡的幼苗,通常到末次计数时进行考察计数。严重腐烂的幼苗或发霉的种子应从发芽床中除去,并随时增加计数。填报发芽结果时,须填报正常幼苗、不正常幼苗、硬实和新鲜不发芽种子、死种子的百分率。假如其中任何一项结果为零,则将符号“-0-”填入该格中。

4. 真实性和品种纯度鉴定　按 GB/T 3543.5 执行。

(1)真实性和品种纯度的相关概念

①种子真实性:供检品种与文件记录(如标签等)是否相符。

②品种纯度:品种在特征特性方面典型一致的程度,用本品种的种子数占供检本作物样品种子数的百分率表示。

③变异株:一个或多个性状(特征特性)与原品种育成者所描

述的性状明显不同的植株。

(2)测定程序　送验样品的重量为250克。种子鉴定(形态鉴定法)是:随机从送验样品中数取400粒种子,鉴定时须设重复,每个重复不超过100粒种子。根据种子的形态特征,必要时可借助放大镜等进行逐粒观察,必须备有标准样品或鉴定图片和有关资料。幼苗鉴别的方法是:随机从送验样品中数取400粒种子,每个重复为100粒种子。一种途径是提供给植株以加速发育的条件(类似于田间小区鉴定,只是所需时间较短),当幼苗达到适宜评价的发育阶段时,对全部或部分幼苗进行鉴定;另一种途径是让植株生长在特殊的逆境条件下,测定不同品种对逆境的不同反应来鉴别不同品种。

田间小区种植是鉴定品种真实性和测定品种纯度的最可靠最准确的方法。为了鉴定品种真实性,应在鉴定的各个阶段与标准样品进行比较。对照的标准样品为栽培品种提供全面系统的品种特征特性的观察描述,标准样品应代表品种原有的特征特性,最好是育种家种子。标准样品的数量应足够多,以便能持续使用多年,并在低温干燥条件下贮藏,更换时最好从育种家处获取。

为使品种特征特性充分表现,试验的设计和布局上要选择气候环境条件适宜的、土壤均匀、肥力一致、前茬无同类作物和杂草的田块,并有适宜的栽培管理措施。行间及株间应有足够的距离(按油菜的一般种植密度进行),必要时可用点播和点栽。

用种子或幼苗鉴定时,用本品种纯度百分率表示。计算公式如下:

品种纯度(%)=[供检种子粒数(幼苗数)-异品种种子粒数(幼苗数)/供检种子粒数(幼苗数)]×100

田间小区鉴定则将所鉴定的本品种、异品种、异作物和杂草等均以所鉴定植株的百分率表示。

5. 水分测定　按GB/T 3543.6执行。种子水分含量是按规定程序把种子样品烘干,用失去重量占供检样品原始重量的百分率表示。需要的仪器设备为恒温烘箱、粉碎(磨粉)机、样品盒、干燥器、干燥剂等。天平的感量达到0.001克。

测定水分时首先应采取一些措施,尽量防止样品水分的丧失。如送验样品必须装在防湿容器中,并尽可能排除其中的空气;样品接收后立即测定;测定过程中的取样、磨碎和称重须操作迅速;避免磨碎蒸发等。不磨碎种子这一过程所需的时间不得超过2分钟。

(1)标准测定法　该法必须在空气相对湿度70%以下的室内进行。在103℃下连续加热8小时烘干。取充分混合的符合GB/T 3543.2要求的种子样品30克。将样品盒预先烘干、冷却、称重,并记下盒号。取得试样两份,每份4.5~5克。将试样放入预先烘干和称过重的样品盒内,再称重(精确至0.001克)。使烘箱通电预热至110℃~115℃。将样品摊平放入烘箱内的上层,样品盒距温度计的水银球约2.5厘米处,迅速关闭烘箱门,使箱温在5~10分钟内回升至103℃±2℃时开始计算时间,烘8小时。用坩埚钳或戴上手套盖好盒盖(在箱内加盖),取出后放入干燥器内冷却至室温,30~45分钟后再称重。

(2)高水分预先烘干法　当样品水分超过16%时,必须采用预先烘干法。称取两份样品各25克±0.02克,置于直径大于8厘米的样品盒中,在70℃预烘1小时。取出后放在室温下冷却和称重。此后再按上述(1)的方法进行测定。

(3)结果计算　根据烘后失水的重量计算种子水分百分率,计算到小数点后一位。计算公式如下:

$$种子水分(\%) = [(M_2 - M_3)/(M_2 - M_1)] \times 100$$

式中:M_1—样品盒和盖的重量,克;

M_2—样品盒和盖及样品的烘前重量,克;

M_3—样品盒和盖及样品的烘后重量,克。

若用预先烘干法，可从第一次（预先烘干）和第二次按上述公式计算所得的水分结果换算样品的原始水分。按下式计算：

$$种子水分(\%) = S_1 + S_2 - (S_1 \times S_2)/100$$

式中：S_1—第一次整粒种子烘后失去的水分，%；

S_2—第二次磨碎种子烘后失去的水分，%。

6. 种子中油的芥酸含量　测定按 NY/T 91 执行。本方法为气相色谱法，其测定步骤如下。

(1)测定条件　柱箱温度 175℃～190℃；汽化室温度 200℃；检测器 190℃～250℃温度；载气为干燥的氮气，氧含量应少于 10 毫克/立方米，流速 16～60 毫升/分钟；氢气纯度为 99.9%，无有机杂质，流速与载气相等；空气中碳氢化合物以甲烷计应小于 2 毫克/立方米，流速为氯气的 5～10 倍。

(2)制备油样　称油菜籽 10 克（精确到 0.1 克），在 80℃下干燥 2 小时，再用石英砂和无水硫酸钠碾碎，并用冷渗管过滤（管底塞适量脱脂棉，加入约 1 厘米厚无水硫酸钠，再加碾碎油菜籽约 5 克，加入 15～20 毫升石油醚），或用小型榨油机榨油。

(3)脂肪酸甲酯的制备与测定　称 100～250 毫克菜籽油脂置入 10 毫升具塞试管中，加入石油醚-乙醚溶液约 2 毫升振荡，再加入氢氧化钾-甲醇溶液约 1 毫升，混匀后在室温下静置 30 分钟，再沿管壁加入水，静置分层后吸取上清液 0.5～2 毫升于气相色谱仪上测定。

7. 种子中硫苷含量测定　按 ISO 9167－1 执行。国家标准方法发布后按国家标准方法执行，结果以微摩尔/克表示，8.5%水分饼粕计算。

本方法采用高效液相色谱仪测定。其步骤为：准确称取过 40 目的粉碎油菜籽干样 0.2 克，进行硫苷提取，对提取液做酶解处理，进行高效液相色谱（HPLC）分离和进行仪器测定。详细分析方法可参考有关分析资料。

二、油菜测产与考种技术

油菜的每株角果数、每果籽粒数和千粒重，是构成油菜产量的重要因素。这些因素受栽培条件、气候条件及病虫等的影响而发生变化，其中变化幅度最大的是每株有效角果数。因此，收获前进行油菜主要经济性状的考查，是总结经验、分析增产或减产原因，以供翌年制定生产规划和栽培措施的重要依据。

在油菜收获前 3～5 天，根据油菜田间生产情况按田块形状及大小，以 5 点、4 点或 3 点取样均可（选点应在田块田角和中心，不可取边行），每点随机取 5～10 株有代表性的植株，按以下各项标准逐一进行考种。

株高：从子叶节至主茎顶端的长度，以厘米表示。

茎粗：在子叶节以上 5 厘米处（用游标卡尺测定）茎的直径，以厘米表示。

有效分枝数：主茎上有 1 个以上有效果的第一次分枝数。

第一次有效分枝数：指从主茎上着生的具有 1 个以上的有效角果（指发育正常）的分枝数。

第二次分枝数：指从第一次分枝上着生的凡具有 1 个以上有效角果的分枝数。

无效分枝数：不具有效角果的分枝数。

分枝部位：从子叶节到主茎最下方第一次有效分枝节的长度，以厘米表示。

有效分枝起点：指子叶节至主茎上最上 1 个第一次有效分枝着生处的高度。

主花序有效长度：指主花序最下方至最上 1 个有效角果的长度，以厘米表示。

主花序有效角果数：主花序上具有 1 粒以上发育正常种子的

角果总数。

全株有效角果数：包括主茎与各分枝花序上具有 1 粒以上饱满或半饱满种子的角果总数。

着果密度（以个/厘米表示）：主花序有效角果数/主花序有效长度（厘米）。

结实正常的按以上方法计算，分段结实的植株分别按主茎上有效角果数和无效角果数（按果柄数计），分别测定其有效长度和无效长度，以厘米表示。

主花序结果密度：主花序最下 1 个角果着生处到最上 1 个有效角果着生处的长度，去除总花序上总角果数，以果数/厘米表示。

角果长度：即果身长度（不包括果柄和果喙），分长、中、短 3 种。果身长度在 7 厘米以上为长，5～7 厘米为中，5 厘米以下为短。

每果粒数：从考种株主花序中、下部分别随机取正常角果 10 个，或由主茎上、中、下部的第一次有效分枝上，采用上述方法随机摘取正常角果 20 个，计算平均种子数。

千粒重：用晒干（含水量 7%～9%）纯净的种子，随机取样 3 份，每份 1 000 粒，分别称重量，误差不超过 3%的 2 个或 3 个样品平均，以克表示。

种子色泽：分黄、黑、红、棕等色。

单株产量：随机取典型植株（考种株）10 株，取风干种子的平均产量，以克表示。

理论产量计算（种植密度由现场调查获得）：理论产量（千克/667 平方米）=（667 平方米内株数 × 每株果数 × 每果粒数 × 千粒重）/1 000 000。

三、油菜生育期观察记载标准

播种期：实际播种日期（以月/日表示，下同）。

出苗期:全区75%的幼苗子叶出土并平展为标准。出苗分优良、中、劣3个等级:优良级是指自出苗始期至出苗期时间短,出苗率达80%以上者。中级是指自出苗始期至出苗期时间中等,出苗率达60%~70%者。劣等是指自出苗至苗期时间长,出苗率在50%以下者。

五叶期:以全区50%植株的第五片真叶平展为标准。

移栽期:实际移栽日期。

现蕾期:以全区50%以上植株顶端2~3片心叶开始伸张,从上方可见明显的绿色花蕾为标准。

抽薹期:以全区50%以上植株主茎(薹)开始延伸,主茎顶端距地面10厘米为标准。

初花期:以全区有25%的植株开始开花为标准(每株开放第一朵花为始花)。

盛花期:以全区有75%的植株上部主花序和2~3个分枝同时开花为标准。

终花期:以全区75%的植株停止开花为标准(主茎中下部无效分枝仍在开花,或倒伏后二次开花的,均不计入)。

成熟期:以全区有75%以上的植株角果果皮转现枇杷黄色或黄色,主花序中、下部角果内50%的种子开始变色(由绿色转变为角紫红色或红黑色)为标准。

全生育期:播种或出苗到成熟的实际日数。

四、油菜苗情调查

根据油菜苗的高矮、大小、叶片多少的差异程度,判断油菜苗生长的整齐度,分整齐(80%以上的植株生长一致)、中(60%~80%的植株生长一致)、不整齐(生长整齐的植株不足60%)。也可用目测判断。

在目测判断的基础上，取10株（用1个品种的有代表性的植株）进行观察比较，可根据调查目的选择以下指标。

叶片生长情况：脱落叶数、黄叶数、绿叶数（已展开叶）。

最大叶片生长情况：取单株最大叶片，量取叶柄最长与最宽处的数值。

根颈粗度：于子叶下量，一般以毫米或厘米表示。

植株开展度：以油菜苗上部叶片开展的最大直径为准，一般以厘米表示。

细胞汁液浓度：取其最大叶片压挤叶汁，用手折光计测定细胞汁浓度。浓度大者苗壮，越冬耐寒力强；反之则差。

单株干鲜重：用代表植株，从子叶片切断，分别测地上部、地下部的干鲜重。先称鲜重，再放入105℃～120℃的烘箱中烘烤15～20分钟，再在80℃中烘干到恒重，求干重。

思考题

1. 商用油菜种子质量有哪些指标？
2. 一般油菜种子和优质油菜种子如何进行质量分级？
3. 油菜种子有哪些相关定义？
4. 如何进行油菜种子样品的扦样、分样以及净度分析？
5. 如何进行油菜种子发芽试验？
6. 如何进行油菜种子真实性和品种纯度鉴定？
7. 如何进行油菜种子水分、含油量、芥酸、硫苷含量测定？
8. 油菜如何测产？主要有哪些考种指标？
9. 如何进行油菜生育期观察记载？
10. 如何进行油菜苗情调查？

第八章 油菜栽培管理劳动定额与技术考核指标

一、油菜农艺工主要工作环节

油菜农艺工的职责，就是应用已有的科学技术成果及高产的技术经验，采用适当的调控措施，提高油菜单位面积产量及经济效益。油菜农艺工的工作在农艺师的指导下完成，农艺师注重指导与计划制定，油菜农艺工则注重实际操作技能。因此油菜农艺工的主要工作环节包括掌握并能简单应用油菜生产的基础理论，如生长发育特点、产量形成等，熟练掌握油菜地的耕整、改良，油菜播种及移栽，田间管理，油菜成熟后的收获及贮藏等操作技能。

（一）掌握并能简单应用油菜种植基础知识

一是油菜生长发育、栽培管理、收获和贮藏以及质量安全知识的一般知识；

二是油菜产区主要农活与农时、节令的关系、农业气象的基础知识；

三是油菜常用肥料、农药的名称及安全操作、保管常识；

四是油菜主要病虫草害的识别、发生规律以及防治的一般知识；

五是简单农业机械的一般常识；

六是油菜灌溉、排水和保墒的一般常识；

七是油菜主要新品种的名称以及栽培管理要求；

八是油菜种植相关农业环境与保护基本知识。

(二)根据所学基础知识进行种植实际操作

一是进行油菜地土地耕整、改良、测量及开沟整厢；

二是适宜油菜品种的选用、育苗、播种、移栽以及田间种植方案的实施；

三是进行施肥、灌溉与排水、中耕除草，配制、合理使用化学药剂，对油菜病虫草害和“花而不实”等进行药剂防治；

四是对油菜的长势长相、营养、群体、生理障碍等进行取样、观察记载及诊断；

五是对旱、涝、干热风、低温冷害等开展抗灾活动和生产自救；

六是油菜种子的提纯复壮、制种、贮藏；

七是油菜收获、考种、产量预测以及油菜籽的脱粒、晾晒、贮藏；

八是农具的维护和保养，油菜田间渠系的养护和维修。

二、油菜农艺工考核

(一)考核的意义

进行油菜农艺工的考核可以对劳动者的技能水平或职业资格进行客观公正、科学规范的评价和鉴定，是油菜农艺工求职、任职和用人单位录用的主要依据，是提高劳动者素质、促进油菜产业可持续发展的重要措施。

(二)考核的内容

油菜农艺工的考核内容包括职业守则、职业知识和操作技能3个方面：①职业守则包括遵纪守法、职业道德、工作态度等。②职业知识是指能够胜任本工种、本等级工作应具有的知识构成与水平，一般包括油菜生产的基础知识、工具设备知识和工艺技术知识等项内容。③实际操作技能是指能够胜任本工种、本等级工作应具有的实际技术业务能力的构成与水平，一般包括领会应用能力、工具设备的使用和维护能力、实际操作能力等项内容。

(三)考核的指标及标准

1. 油菜初级农艺工考核指标及标准 见表8-1。

表8-1 油菜初级农艺工考核指标及标准

职业功能	内容	操作技能考核	职业知识考核
播前准备	土地准备	1. 能实施播前灌溉 2. 能确定耕翻时期和深度 3. 能按要求施用基肥	1. 土壤耕作常识 2. 基肥施用知识
	农资准备	1. 能按要求准备肥料，妥善保管 2. 能按要求准备油菜种子 3. 能按要求准备农药	1. 农药基本知识 2. 肥料基本知识 3. 种子基本知识
	育苗	1. 能够按要求准备育苗设施 2. 能够按指定的地点和面积准备苗床 3. 能按要求进行油菜苗床管理	1. 苗床知识 2. 种子发芽常识 3. 幼苗生长常识
播种	整地	1. 能够按指定的时间、深度和墒情进行平整土地 2. 能够按要求开排、灌水沟，起垄做畦 3. 能够按规定浓度使用除草剂	1. 除草剂使用方法和注意事项 2. 土壤结构一般知识 3. 农田排、灌水常识
	直播	1. 能按要求进行播种 2. 能按要求对种子覆土	播种方式和方法
	移栽	1. 能够开沟或穴 2. 能按指定的时间、深度、密度移栽 3. 能够按要求浇移栽水	移栽常识

续表 8-1

职业功能	内容	操作技能考核	职业知识考核
田间管理	耕作	能按要求保墒、中耕、松土、除草	常用耕作技术知识
	肥水	1. 能够按配方适时追肥、补施微肥 2. 能够按油菜生长要求进行灌溉	1. 追肥、浇水方法 2. 叶面施肥方法
	植株管理	1. 能较熟练地使用综合防治措施 2. 能按要求进行间、定苗 3. 能按要求喷洒生长调节剂	1. 间、定苗知识 2. 化学调控知识
	病虫草害防治	1. 能够按要求保管农药，使用、清洗药械 2. 能够按防治方案使用农药防治病虫草害	1. 农药贮存、保管及安全使用常识 2. 常用病虫草害防治方法
收获管理	收获	1. 能够按要求收获 2. 能够清理植株残体和杂物	1. 作物成熟标准 2. 收获方法
	贮藏	1. 能按标准贮藏产品 2. 能按要求防治仓库病虫害及鼠害	1. 产品贮藏知识 2. 仓库病虫害及鼠害防治知识

2. 油菜中级农艺工考核指标及标准　见表 8-2。

表 8-2　油菜中级农艺工考核指标及标准

职业功能	内容	操作技能考核	职业知识考核
播前准备	土地准备	1. 能测定油菜种植面积 2. 能根据土壤墒情进行播前灌溉 3. 能选配和使用除草剂	1. 灌溉基础知识 2. 除草剂知识

续表 8-2

职业功能	内　容	操作技能考核	职业知识考核
播前准备	农资准备	1. 确定油菜肥料的种类与数量 2. 能辨别常用肥料的外观质量 3. 能按要求选择品种、检查种子质量 4. 能选择农药种类	1. 肥料知识 2. 常用肥料质量标准 3. 种子知识 4. 农药知识
	育　苗	1. 能计算苗床面积 2. 能够进行育苗期间的相应技术调查 3. 能够培育出适龄壮苗	1. 作物营养知识 2. 苗期技术调查方法 3. 幼苗管理基本知识
播种	整　地	能够按作物和耕地状况平整土地	1. 土壤耕作知识 2. 农机具基本知识
	直　播	1. 能计算播种量 2. 能够适时、适量、按适宜深度播种	播种知识
	移　栽	1. 能够确定移栽方案 2. 能够检查移栽质量	1. 育苗和移栽知识 2. 作业质量检查方法
田间管理	耕　作	检查中耕、松土、保墒、除草的质量	土壤耕作知识
	肥水管理	1. 能够按照油菜不同生育时期及生长情况，进行土壤施肥、随水施肥及叶面施肥 2. 能够按油菜生长状况、土壤墒情确定灌溉时期	1. 油菜需肥特性知识 2. 灌溉、施肥基本知识 3. 根外施肥知识
	植株管理	1. 能制定间、定苗的具体方案 2. 能确定生长调节剂使用时期、种类、剂量	1. 合理密植知识 2. 植物生长调节剂相关知识

续表 8-2

职业功能	内 容	操作技能考核	职业知识考核
田间管理	病虫草害防治	1. 能够识别当地主要病虫草害及其天敌 2. 能较熟练地使用综合防治措施 3. 能够使用农药、药械,防治病虫害 4. 能配制药液、防治病虫草害,检查防治效果	1. 常见病虫草害的调查 2. 常用药械维护知识 3. 常用药品配制计算方法
收获管理	收 获	1. 能够按要求确定采收时间 2. 能够检查收获质量 3. 能够根据情况制定秸秆还田方案	1. 采收知识 2. 外观质量鉴定知识 3. 秸秆还田知识
	整 理	1. 能够进行产品检测采样 2. 能够检查产品整理质量	1. 质量标准及采样方法 2. 产品整理知识
	贮 藏	1. 能根据收获产品的特性制定贮存方案 2. 能调查仓库病虫害及鼠害	1. 产品贮藏知识 2. 仓库病虫害、鼠害调查方法

3. 油菜高级农艺工考核指标及标准 见表 8-3。

表 8-3 油菜高级农艺工考核指标及标准

职业功能	内 容	操作技能考核	职业知识考核
育苗	苗情诊断	1. 能识别苗期常见病虫害,并能及时进行防治 2. 能判断幼苗长势长相	1. 苗期病虫害症状及防治知识 2. 苗情诊断知识
	幼苗管理	能够根据植株长势长相,调节生长环境	幼苗生长环境调控知识

续表 8-3

职业功能	内容	操作技能考核	职业知识考核
田间管理	肥水管理	1. 识别常见的营养缺乏及营养过剩症状 2. 能够鉴别常用肥料的质量 3. 能够实施节水灌溉	1. 营养缺乏及营养过剩症状知识 2. 常用肥料的知识 3. 作物需肥、需水规律
	植株管理	1. 能够根据留苗密度实施管理措施 2. 能够根据植株长势长相进行综合调控	1. 田间管理知识 2. 植物生长调节方法
	病虫草害防治	1. 能够按要求开展病虫草害调查 2. 能进行常用剂型农药的配制 3. 能够识别农药中毒症状并能进行现场救护	1. 农药配制知识 2. 农药安全使用常识和农药中毒急救方法
收获管理	收　获	1. 能够在收获前对产量进行测定 2. 能依据收获农产品品质要求及时收获 3. 能根据作物特点制定残茬处理、土壤耕翻方案	1. 测定产量知识 2. 农产品质量分级常识 3. 茬口安排知识
	贮　藏	1. 能够根据产品的特点选择设施，确定仓贮方案 2. 能制定和实施仓库病虫害及鼠害综合防治方案	1. 仓贮知识 2. 仓库病虫害、鼠害发生与综合防治知识
技术指导	拟定生产计划	能起草年度种植计划	耕作制度知识
	技术示范	能够对初、中级人员进行生产技术操作示范	作物栽培管理知识

三、油菜农艺工考核表格及记录

油菜农艺工职业技能考核分为知识要求考试和操作技能考核两部分。知识要求考试一般采用笔试,技能要求考核一般采用现场操作等方式进行。计分一般采用百分制。

(一)理论知识考试

理论知识考试表格及记录见表8-4。

表8-4　理论知识考试表格及记录　(%)

项　目		初　级	中　级	高　级
基本要求	职业道德	5	5	5
	基础知识	10	20	15
相关知识	播前准备	15	10	—
	播　种	10	10	—
	育　苗	10	15	15
	田间管理	40	30	25
	收获管理	10	10	10
	技术管理	—	—	15
	技术指导	—	—	15
合　计		100	100	100

(二)技能操作考试

技能操作考试表格及记录见表8-5。

表 8-5　技能操作考试表格及记录　（%）

项　目		初　级	中　级	高　级
技能要求	播前准备	10	10	—
	播　种	15	15	—
	育　苗	10	15	15
	田间管理	50	45	30
	收获管理	15	15	15
	示范指导	—	—	25
	拟定生产计划	—	—	15
合　计		100	100	100